高职高专计算机"十二五"规划教材

VB 程序设计案例教程

杨　铭　戴微微　潘　谈　主　编

孙炳欣　孙　涛　杨　勇　副主编

王婷婷　郭桂杰　霍　聪　参　编

U0316823

中国铁道出版社有限公司

CHINA RAILWAY PUBLISHING HOUSE CO., LTD.

内 容 简 介

为了适应高职高专院校教学需要，编者根据多年的教学经验编写了这本教材。全书共 10 章，主要内容包括：Visual Basic 介绍、Visual Basic 简单程序设计、Visual Basic 语言基础、选择结构设计、循环结构设计、常用控件、数组、菜单和对话框设计、多重窗体程序设计与环境应用、数据库访问技术等。

本书适用于高职高专、成人本专科计算机相关专业程序设计语言类课程的教学，也可以作为计算机等级考试、高新技术考试的培训教材和程序设计人员、编程爱好者学习 VB 编程技术的参考书。

图书在版编目（CIP）数据

VB 程序设计案例教程 / 杨铭，戴微微，潘谈主编. — 北京：中国铁道出版社，2014.8（2022.12重印）

高职高专计算机"十二五"规划教材

ISBN 978-7-113-18839-9

Ⅰ．①V… Ⅱ．①杨… ②戴… ③潘… Ⅲ．①BASIC 语言—程序设计—高等职业教育—教材 Ⅳ．①TP312

中国版本图书馆 CIP 数据核字（2014）第 161506 号

书　　　名：	**VB 程序设计案例教程**
作　　　者：	杨　铭　戴微微　潘　谈

策　　划：	潘星泉
责任编辑：	潘星泉
编辑助理：	孙晨光
封面设计：	付　巍
封面制作：	白　雪
责任校对：	汤淑梅
责任印制：	樊启鹏

出版发行：中国铁道出版社有限公司（100054，北京市西城区右安门西街 8 号）

网　　址：http://www.tdpress.com/51eds/

印　　刷：北京建宏印刷有限公司

版　　次：2014 年 8 月第 1 版　　　2022 年 12 月第 4 次印刷

开　　本：787 mm×1 092 mm　1/16　印张：12.75　字数：303 千

书　　号：ISBN 978-7-113-18839-9

定　　价：32.00 元

前　言

目前，大多数高职高专院校都开设了应用程序设计课程。在众多的应用程序开发工具软件中，美国微软公司的 Visual Basic（简称 VB）应用程序开发工具当属首选。VB 应用程序开发工具既继承了传统 BASIC 语言简单易学、操作方便的优点，又引入了面向对象、事件驱动和可视化的应用程序设计方法，因此大大提高了 Windows 应用程序的开发效率。

本书内容紧扣国家对高职高专培养高级应用型、复合型人才的技能水平和知识结构的要求，在编排上采用由浅入深、循序渐进的方式，围绕各章主题，通过大量的实例和课堂实训进行讲解，力争做到概念清晰、通俗易懂。同时，本书每章都配有课后习题，对理论知识和开发技能进行强化练习，可达到深化理解、熟练设计的目的。书中所有的例题都在 Visual Basic 6.0 中文版上调试通过。

本教材由多年从事 Visual Basic 程序设计教学和开发的计算机教师编写，致力于高职学生应用技术能力的提高。本书内容涵盖了全国计算机等级考试二级 VB 考试大纲要求的技能水平和知识范围，具有鲜明的职业特色，适合于高职高专、成人本专科计算机相关专业程序设计语言类课程的教学，也可以作为计算机等级考试、高新技术考试的培训教材，以及程序设计人员、编程爱好者学习 VB 编程技术的参考书。本教材是数据库开发技术等课程的前导课程，建议教学课时数为 72 学时。

本书由吉林电子信息职业技术学院承编，主编为杨铭、戴微微、潘谈，副主编为孙炳欣、孙涛、杨勇。编写分工：第 1 章、第 3 章、第 6 章由杨铭编写，第 2 章和第 4 章由戴微微、潘谈、孙炳欣、杨铭编写，第 5 章、第 7 章由孙涛、杨勇、杨铭编写，第 8 章由潘谈、杨勇编写，第 9 章由潘谈、戴微微编写，第 10 章由潘谈、孙涛、孙炳欣编写。霍聪、王婷婷和郭桂杰参与编写。

尽管我们在本书的编写方面做了很多努力，但由于编者水平有限，加之时间紧迫，不当之处在所难免，恳请广大读者和专家批评指正，并将意见和建议及时反馈给我们，以便下次修订时改进。

编　者
2014 年 6 月

目　录

第1章 Visual Basic 介绍

1.1 Visual Basic 的语言特点

BASIC 是面向初学者的计算机语言，BASIC 是英文 Beginner's All-purpose Symbolic Instruction Code（初学者通用的符号指令代码）的缩写。Visual Basic 可用于开发 Windows 环境下的各类应用程序，具有简单、易学、易用的优点，同时增加了结构化、可视化程序设计语言的功能，引入了"面向对象"和"事件驱动"等先进思想，支持 ActiveX 控件（用于 Web 或其他支持这一技术的程序中）、VBS（VBScript，VB 的脚本语言，用于 Web 开发）和 VBA（VB For Application，嵌入式 VB 语言，用于对一些流行软件进行二次开发），对网络、多媒体和数据库的编程有良好的支持，拥有完全的中文界面和帮助系统。

具体来说，Visual Basic 6.0 主要有以下几个特点：

1．编程的可视化

Visual Basic 提供了可视化设计工具，把 Windows 界面设计的复杂性"封装"起来，程序开发人员只需按照程序界面的设计要求，利用 Visual Basic 提供的各种设计工具，在窗体中画出各种"控件"，并设置这些对象的属性，这样程序设计人员只需要编写实现程序功能的代码，而不必为界面设计编写代码，从而大大提高了程序设计的效率。程序设计人员在设计过程中可以清楚地看到所设计的程序界面。

2．面向对象的程序设计

（1）类和对象

任何事物都可以被看作对象（Object），类（Class）是同种对象的总称，而对象是类的具体表现。例如：人是一个类，每个具体的人是一个对象。

在程序设计中，类和对象是事先定义好的。窗体和控件就是 Visual Basic 中预定义的对象，这些对象是由系统设计好提供给用户使用的，其移动、缩放等操作也是由系统预先规定好的。除了窗体和控件外，Visual Basic 还提供了其他一些对象，包括打印机、立即窗口、剪切板、屏幕等。

（2）属性

属性是指一个对象所具有的性质和特征。对象常见的属性有标题（Caption）、名称（Name）、颜色（Color）、字体大小（Fontsize）、是否可见（Visible）等。

（3）方法

在传统的程序设计中，过程和函数是编程语言的主要部件。而在面向对象程序设计（OOP）中，引入了称为方法（Method）的特殊过程和函数。

方法是指一个对象所执行的某些特定动作。和属性一样，方法也是对象的一部分，是封装在对象中的一段代码，因此它可以执行。

（4）事件

事件是指对象能够识别并作出反应的外部刺激。事件是 Visual Basic 中预先设置好的能被窗体或控件等对象识别的动作，当用户对一个对象发出一个动作时，会产生一个事件。例如，单击某个按钮，该按钮就会产生一个单击（Click）事件，改变一个文本框的内容，该文本框就会产生一个内容改变（Change）事件。

在面向对象思想中，对象是具有特殊属性（数据）和行为方式（方法）的实体。建立一个对象后，其操作通过与该对象有关的属性（Property）、方法（Method）和事件（Event）3 个方面来描述，这就是 PME 模型。

5.0 以后版本的 Visual Basic 都支持面向对象的程序设计方法，把程序和数据封装起来视为一个对象，并为每个对象赋予应有的属性，以控制对象的特征。在设计对象时，不必编写描述对象的程序代码，只需利用 Visual Basic 提供的工具把对象画到程序用户界面上，Visual Basic 会自动生成对象的程序代码并封装起来，每个对象都是可视的。

3. 事件驱动的编程机制

Visual Basic 中程序代码的执行是对对象事件的响应。Visual Basic 为每个对象规定了它所能响应的事件，一个对象可能会有多个事件，程序运行过程中，每一事件的发生都会驱动一段程序的运行。Visual Basic 程序设计中，只需为相关事件编写相应的程序代码即可，用户的动作即事件控制着程序运行的流向。

事件是可以由窗体或控件识别的操作。在响应事件时，事件驱动应用程序执行指定的代码。事件可以由用户操作触发，也可以由来自操作系统或其他应用程序的消息触发，甚至由应用程序本身的消息触发。这些事件的顺序决定了代码执行的顺序。因此，在事件驱动应用程序中，每次运行时所执行的代码和所经过的"路径"是不一样的。

Visual Basic 6.0 的每个窗体和控件都有一个预定义的事件集，当其中的某个事件发生，并且相关联的事件过程中存在代码时，Visual Basic 6.0 将执行这些代码。

尽管 Visual Basic 6.0 中的对象能自动识别预定义的事件集，但必须通过代码判定它们是否响应具体事件以及如何响应具体事件，代码（即事件过程）与每个事件对应。为了让窗体或控件响应某个事件，必须把代码放入这个事件的事件过程中。

对象所能识别的事件类型有很多种，但多数类型为大多数对象所共有。例如，大多数对象都能识别 Click 事件，即单击事件。如果单击窗体，则执行窗体的单击事件过程中的代码；如果单击命令按钮，则执行命令按钮的单击事件过程中的代码。此外，某些事件可以在运行期间触发。例如，当在运行期间改变文本框中的文本时，将触发文本框的 Change 事件，如果 Change 事件过程中含有代码，则执行这些代码。

事件驱动应用程序的典型操作序列为：

① 启动应用程序，加载和显示窗体。

② 窗体或窗体上的控件接收事件。事件可以由用户触发（如键盘、鼠标操作），可以由系统引发（如计时器事件），也可以由代码间接引发。

③ 如果相应的事件过程中存在代码，则执行该代码。

④ 应用程序等待下一次事件。

注意：有些事件可能伴随其他事件发生。例如，在发生 DblClick（双击）事件时，将伴随发生 MouseDown、MouseUp 和 Click 事件。

4．结构化的程序设计语言

Visual Basic 具有结构化程序设计的控制结构，接近自然语言和人类的逻辑思维方式，其语句简单易懂。1966 年，Bohra 和 Jacopini 提出了结构化程序设计的 3 种基本结构，即顺序结构、选择结构和循环结构。这 3 种基本结构是 Visual Basic 程序设计的核心，将在以后的章节中详细介绍。

1.2　Visual Basic 的版本简介

Visual Basic 6.0 包括 3 种版本，分别为学习版、专业版和企业版。这 3 种版本是在相同的基础上建立起来的，适合不同层次用户的需要。

（1）学习版（Learning Edition）

Visual Basic 的基本版本，可用来开发建立功能完备的 Windows 应用程序，它包括所有的内部控件、网格控件、Tab 对象及数据绑定控件。

（2）专业版（Professional Edition）

在学习版的基础上添加了一些专门的工具，主要适用于专业开发人员，增加了 ActiveX 控件、Internet 控件、Crystal Report Writer 控件和报表控件等高级开发工具。

（3）企业版（Enterprise Edition）

可用来建立分布式的应用程序，具有专业版的全部功能，同时具有自动化管理器、部件管理器、数据库管理工具、Microsoft Visual SourceSafe 面向工程版的控制系统等。

3 种版本中，企业版功能最全，用户可以根据自己的需要选用不同的版本。本书以 Visual Basic 6.0 企业版为例进行介绍。

1.3　Visual Basic 的启动与退出

Visual Basic 可在 Windows 系列操作系统下运行。本书使用的是 Visual Basic 6.0 中文企业版，其内容也可用于专业版和学习版。

1.3.1　Visual Basic 的启动

开机进入 Windows 后，可以用多种方法启动 Visual Basic。

方法 1：双击 Windows 桌面上的 Visual Basic 快捷方式图标（桌面上有此快捷方式图标的情况下），这是最简单的启动方法。

方法 2：使用"开始"菜单中的"程序"命令。

如图 1-1 所示，选择"开始"→"所有程序"→"Microsoft Visual Basic 6.0 中文版"→"Microsoft Visual Basic 6.0 中文版"命令，即可进入 Visual Basic 编程环境。

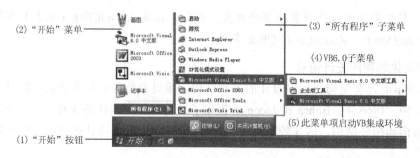

图 1-1　启动 Visual Basic

进入 Visual Basic 编程环境后，首先看到的是"新建工程"对话框，如图 1-2 所示。图中显示的是"新建"选项卡，如果单击"现存"或"最新"选项卡，可分别显示现有的或最近打开过的 Visual Basic 工程列表，可从中选择要打开的工程文件名。

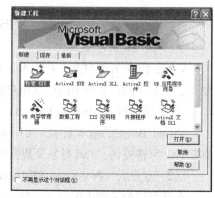

"新建"选项卡中显示了可以在 Visual Basic 中建立的工程类型，如"标准 EXE""ActiveX EXE"等，选择所要建立的工程类型（如标准 EXE），单击"打开"按钮，或直接双击所要创建的工程类型，就可以进入 Visual Basic 集成开发环境，如图 1-3 所示。

图 1-2　"新建工程"对话框

如果单击"新建工程"对话框中的"取消"按钮，则进入 Visual Basic 集成环境但不打开任何工程。

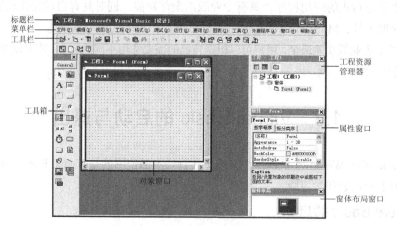

图 1-3　Visual Basic 集成开发环境

1.3.2　Visual Basic 的退出

退出 Visual Basic 很简单，只需选择"文件"→"退出"命令，或直接按【Alt+Q】组合键，或单击标题栏最右边的"关闭"按钮，就可以退出 Visual Basic 编程环境。如果当前程序已经修改过并没有进行存盘操作，退出时系统会弹出一个对话框，询问用户是否存盘，如果选择"是"，则存盘后退出系统，如果选择"否"，则不存盘退出系统，如果选择"取消"，则取消退出操作，返回 Visual Basic 编程环境。

1.4　Visual Basic 的集成开发环境简介

Visual Basic 集成开发环境（Integrated Develop Environment，IDE）由一组独立的窗口组成，如图 1-3 所示，主要包括主窗口、工具箱、工程资源管理器窗口、对象窗口、属性窗口、窗体布局窗口等。这些窗口提供了应用程序设计、调试、编译所需的各种开发工具。

下面介绍这些常用窗口的功能和使用方法。

1.4.1　主窗口

Visual Basic 的主窗口有标题栏、菜单栏和工具栏，其中的几个菜单项和工具按钮是在其他 Microsoft 软件中常见的，功能及使用方法相似，这里就不再赘述。

1．标题栏

标题栏位于 Visual Basic 开发环境的顶端，表现为一个水平条，它显示应用程序名及其当前所处状态（设计、运行或中断）。启动 Visual Basic 后，标题栏中显示的信息为：

工程 1-Microsoft Visual Basic[设计]

其中，"设计"表明当前工程所处的工作状态是"设计阶段"。工作状态的不同，方括号内的内容也不同，可能是"运行"或"中断"，分别代表"运行阶段"或"中断阶段"。这 3 个阶段有时也分别称为："设计状态""运行状态"和"中断状态"。

2．菜单栏

标题栏的下方是菜单栏，菜单栏提供了开发、调试和保存应用程序所需要的工具，通过它可以执行 Visual Basic 的所有功能。Visual Basic 6.0 中文版的菜单栏共有 13 个菜单项，即：文件、编辑、视图、工程、格式、调试、运行、查询、图表、工具、外接程序、窗口和帮助，每个菜单项都包含一个下拉菜单，单击下拉菜单中的某一项就可以执行相应的功能。

3．工具栏

菜单栏的下方是工具栏，Visual Basic 6.0 提供了 4 种工具栏，包括编辑、标准、窗体编辑器和调试，并可根据需要定义用户自己的工具栏。默认情况下，Visual Basic 集成开发环境中只显示标准工具栏，如图 1-4 所示，包含最常用的一些命令按钮，其他工具栏可以通过"视图"菜单中的"工具栏"命令打开（或关闭）。

图 1-4　Visual Basic 集成开发环境中的标准工具栏

工具栏提供了执行 Visual Basic 功能命令的简单方法：直接单击工具栏中的按钮，而不必打开菜单项。当用鼠标指向工具栏上的某一按钮时，该按钮的名称就会显示出来。

① 工具栏中各按钮的功能。表 1-1 给出了工具栏中各按钮的名称和作用（图 1-4 从左到右）。

表 1-1　标准工具栏图标及功能

图标	名　称	功　能
	添加工程	添加一个新工程，相当于"文件"菜单中的"添加工程"命令
	添加窗体	在当前工程中添加一个新窗体，相当于"工程"菜单中的"添加窗体"命令

图标	名　称	功　能
	菜单编辑器	打开菜单编辑对话框，相当于"工具"菜单中的"菜单编辑器"命令
	打开工程	用来打开一个已经存在的工程文件，相当于"文件"菜单中的"打开工程"命令
	保存工程	保存当前正被编辑的工程文件，相当于"文件"菜单中的"保存工程"命令
	剪切	把所选取的内容剪切到剪切板上，相当于"编辑"菜单中的"剪切"命令
	复制	把所选取的内容复制到剪贴板上，相当于"编辑"菜单中的"复制"命令
	粘贴	把剪贴板上的内容复制到当前位置，相当于"编辑"菜单中的"粘贴"命令
	查找	打开"查找"对话框，相当于"编辑"菜单中的"查找"命令
	撤销	撤销用户刚进行过的操作，相当于"编辑"菜单中的"撤销"命令
	重复	对"撤销"命令的反操作，相当于"编辑"菜单中的"重复"命令
	启动	用于运行当前编辑的程序，相当于"运行"菜单中的"启动"命令
	中断	暂停正在运行的程序，相当于"运行"菜单中的"中断"命令
	结束	结束正在运行的程序，返回到设计状态，相当于"运行"菜单中的"结束"命令
	工程资源管理器	打开工程资源管理器窗口，相当于"视图"菜单中的"工程资源管理器"命令
	属性窗口	打开属性窗口，相当于"视图"菜单中的"属性窗口"命令
	窗体布局窗口	打开窗体布局窗口，相当于"视图"菜单中的"窗体布局窗口"命令
	对象浏览器	打开对象浏览器窗口，相当于"视图"菜单中的"对象浏览器"命令
	工具箱	打开工具箱，相当于"视图"菜单中的"工具箱"命令
	数据视图窗口	打开数据库视图窗口，相当于"视图"菜单中的"数据库视图窗口"命令
	组件管理器	管理系统中的组件，相当于"视图"菜单中的"Visual Component Manager"命令

② 工具栏的显示和隐藏。如果用户希望打开其他工具栏，可选择"视图"→"工具栏"命令，打开工具栏子菜单，单击所需的工具栏名称。另一种打开工具栏的方法是：用鼠标指向工具栏并右击，屏幕上会出现工具栏子菜单，选择所需要的工具栏即可。

在工具栏子菜单中可以看到，有些工具栏名称前有"√"标记，表示该工具栏已被显示，没有此标记的表示工具栏已被隐藏。单击有"√"标记的工具栏名称，相应的工具栏被隐藏。

③ 工具栏的浮动和恢复。每种工具栏都有固定和浮动两种形式。默认情况下，工具栏紧挨在菜单栏的下面，如果将鼠标移到工具栏最左边的双竖线并拖动，可让工具栏浮动在桌面的任何地方。双击处于浮动状态的工具栏标题，或者向上拖动工具栏到主窗口上方，可使工具栏恢复到默认位置。

1.4.2　工具箱

工具箱默认位于 Visual Basic 集成环境主窗口的左边，它包含用来构造应用程序界面的部件，称为图标对象或控件，每个控件由工具箱中的一个工具图标来表示。

工具箱中的工具分为 3 类：内部控件或标准控件、ActiveX 控件和可插入对象。启动 Visual Basic

后，工具箱中默认只有内部控件图标（见表 1-2），不同的图标代表不同的控件类型，每一种控件类型都有类型名，将鼠标指针置于图标上就会在弹出的屏幕提示中显示相应的类型名。这些控件和窗体统称为 Visual Basic 中的对象，它们的功能和使用方法将在以后的章节中详细讲解。

可以单击工具箱右上角的"关闭"按钮将工具箱关闭。如果想打开工具箱，可选择"视图"→"工具箱"命令或单击标准工具栏中的"工具箱"按钮。

表 1-2　Visual Basic 标准控件

图标	名　　称	默认属性	前缀	作　　用
	Pointer（指针）			指针不是控件，只有在选择指针后，才能改变窗体中控件的位置和大小
	PictureBox（图片框）	Picture	pic	用于显示图像，包括图片或文本。可以装入位图（Bitmap）、图标（Icon）、.jpg 和.gif 等多种图形格式的文件，或作为其他控件的容器
A	Label（标签）	Caption	lbl	可以显示文本信息，但不能输入文本
ab	TextBox（文本框）	Text	txt	可输入文本的显示区域，既可输入又可输出文本
	Frame（框架）	Caption	fra	组合相同的对象，将性质相同的控件集中在一起
	CommandButton（命令按钮）	Value	cmd	用于向应用程序发出指令，当单击此按钮时，可执行指定的操作
	CheckBox（复选框）	Value	chk	又称检查框，用于多重选择
	OptionButton（单选按钮）	Value	opt	用于表示单项的开关状态
	ComboBox（组合框）	Text	cbo	为用户提供对列表的选择
	ListBox（列表框）	Text	lst	用于显示可供用户选择的固定列表
	HscrollBar（水平滚动条）	Value	hsb	用于表示在一定范围内的数值选择。常放在列表框或文本框用来浏览信息，或用来设置数值输入
	VscrollBar（垂直滚动条）	Value	vsb	用于表示在一定范围内的数值选择。可以定位列表，作为输入设备或速度、数量的指示器
	Timer（计时器）	Enabled	tmr	在设定的时刻触发某事件
	DriveListBox（驱动器列表框）	Drive	drv	显示当前系统中的驱动器列表
	DirListBox（目录列表框）	Path	dir	显示当前驱动器磁盘上的目录列表
	FileListBox（文件列表框）	FileName	fil	显示当前目录中的文件列表
	Shape（形状）	Shape	shp	在窗体中绘制矩形、圆等几何图形
	Line（直线）	Visible	lin	在窗体中画直线
	Image（图像框）	Picture	img	显示位图式图像，可作为背景或装饰的图像元素
	Date（数据）	Caption	dat	用来访问数据库
	OLE Container（OLE 容器）		ole	用于对象的链接与嵌入

1.4.3　工程资源管理器窗口

1．工程资源管理器窗口的组成

工程资源管理器窗口默认位于 Visual Basic 集成开发环境的右侧，由标题栏、工具栏和工作区组成。其主要作用是选择工程和窗体。具体介绍如下：

① 标题栏给出了工程名或工程组名。

② 工具栏内有 3 个按钮："查看代码"按钮、"查看对象"按钮和"切换文件夹"按钮。"查看代码"按钮用来显示代码窗口；"查看对象"按钮用来显示所选窗体的对象窗口；"切换文件夹"按钮用来显示各类文件所在的文件夹，如果再次单击该按钮，则取消文件夹显示。

③ 工程资源管理器窗口的工作区内以树状结构列出了一个应用程序中的所有模块文件，如图 1-5 所示。模块（Module）是工程的基本功能单位与组成部分，Visual Basic 中的模块可以分为窗体模块、标准模块和类模块等。一个工程可以由多个模块组成，每个模块完成一个相对完整的任务，工程文件就是用来管理这些模块的。

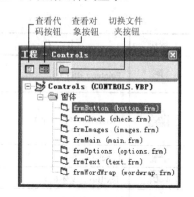

图 1-5　工程资源管理器窗口

在 Visual Basic 中，一个应用程序包括一个或多个窗体模块（其文件扩展名为.frm），每个窗体模块分为两部分，一部分作为用户界面的窗体，另一部分是执行具体操作的代码。

每个窗体模块都包含事件过程，即代码部分，这些代码是为响应特定事件而执行的指令。窗体上可以含有控件，窗体上的每个控件都有一个相对应的事件过程集。除事件过程外，窗体模块中还可以含有通用过程，它可以被窗体模块中的任何事件过程调用。

在工程资源管理器窗口中，每个工程、窗体、标准模块等都有相应的名称（Name 属性）和存盘文件名（括号内的内容）。工程名、窗体、标准模块等的左侧都有一个小方框，小方框内为减号"-"时，表示处于"展开"状态，当小方框内为加号"+"时，表示处于"折叠"状态，单击方框内的"-"或"+"可以实现两种状态的相互转换。

2. 工程资源管理器窗口的打开方法

方法 1：单击工具栏上的"工程资源管理器"按钮。

方法 2：选择"视图"→"工程资源管理器"命令。

1.4.4　窗体设计器

用来设计应用程序的界面。启动 VB 后，窗体设计器中自动出现一个名为 Form1 的空白窗体，可以在该窗体中添加控件、图形和图片等来创建所希望的外观，窗体的外观设计好后，从菜单中选择"文件"→"保存窗体"，在弹出的保存对话框中给出合适的文件名（注意扩展名），并选择所需的保存位置，单击"确定"按钮。需要再设计另一个窗体时，单击工具栏上的"添加窗体"按钮即可。

1.4.5　属性窗口

属性窗口默认位于工程资源管理器窗口的下方，用来显示和设置窗体或控件的属性值，如图 1-6 所示。这些属性值是程序运行时各对象属性的初始值，可以修改属性窗口内的属性值改变对象的特征。

除窗口标题外，属性窗口分为 4 个部分，分别为对象框、属性显示方式、属性列表和对当前属性的简单解释。

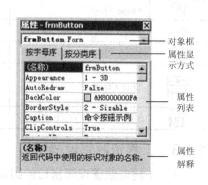

图 1-6　属性窗口（按字母序）

具体说明如下：

① 对象框位于属性窗口的顶部，可以通过单击其右端向下的箭头显示下拉列表，其内容为应用程序中每个对象的名字及对象的类型，启动 Visual Basic 后，对象框中只含有窗体的信息。随着窗体中控件的增加，VB 将把这些对象的有关信息加入到对象框的下拉列表中，通过它可以选择不同的对象。

② 属性显示方式分为两种，即按字母排序和按分类排序。单击相应的选项卡可以进行切换。

③ 属性列表部分由左侧的属性名和右侧的属性值两列构成，可以滚动显示当前活动对象的所有属性，以便观察或设置每项属性的当前值。属性的变化将改变相应对象的特征。

1.4.6　窗体布局窗口

Form Layout Window 允许使用表示屏幕的小图像来布置应用程序中各窗体的位置。

1.4.7　代码窗口

对象窗口用于构造程序的用户界面，而代码窗口用于编写程序代码来操纵界面上的对象。事件过程是通过代码窗口输入到程序中的。

如果刚创建了一个新工程，默认情况下是不显示代码窗口的。可以单击工程资源管理器左上角的"查看代码"按钮打开代码窗口。代码窗口的顶部有两个下拉列表框：对象下拉列表框和过程下拉列表框。对象下拉列表框中列出了当前对象窗口上的对象名（对于窗体，显示的是 Form，而不是窗体名）。有些类型的对象没有事件，其名称不被列出。过程下拉列表框中列出对象下拉列表框中当前所选对象支持的所有事件名。

在编写事件过程时，先从对象下拉列表框中选择要编写事件过程的对象名（对于窗体要选择 Form），然后从过程下拉列表框中选择事件过程名。Visual Basic 会自动在代码窗口中添加事件过程的语法结构，并将光标置于过程体内，编程者只需要填写过程体语句即可。

编程者也可以手工输入事件过程全部的语句（包括首部），而不必从对象和过程列表中选择。

Visual Basic 为每类对象设定了一个默认事件，当编程时从对象列表中选择对象名后，Visual Basic 会自动创建其默认事件过程。窗体对象的默认事件是 Load 事件。如果目的不是编写这个事件过程，可以将其删掉，或者不予理睬，空的事件过程对程序运行没有影响。

如果代码窗口中有多个过程，Visual Basic 会自动在过程之间添加水平分隔线。当过程中语句较多时，可按下代码窗口左下角的查看过程按钮，这时只显示一个过程，可以通过对象列表和过程列表来切换显示不同的过程。

代码窗口提供了成员提示和自动完成功能。例如，当输入一个对象名后加一个点，Visual Basic 会弹出一个包括该对象全部可用属性与方法名的列表供编程者选择。输入属性名与方法名的几个起始字符，再按【Space】或【Enter】键便可以输入整个属性名与方法名。另外，在调用方法、过程和函数时，Visual Basic 会给出参数、返回值的名称和类型方面的提示信息，甚至在输入代码时就可以进行必要的语法检查。

习 题 1

一、选择题

1. 与传统的程序设计语言相比，Visual Basic 最突出的特点是（　　）。
 A. 结构化程序设计   B. 程序开发环境
 C. 事件驱动编程机制   D. 程序调试技术

2. 用标准工具栏中的工具栏按钮不能执行的操作是（　　）。
 A. 添加工程   B. 打印源程序
 C. 运行程序   D. 打开工程

3. Microsoft Visual Basic 6.0 包括 3 种版本，其中不包括（　　）。
 A. 通用版   B. 企业版
 C. 学习版   D. 专业版

4. Visual Basic 6.0 集成的主窗口中不包括（　　）。
 A. 属性窗口   B. 标题栏
 C. 菜单栏   D. 工具栏

5. Visual Basic 是一种面向对象的程序设计语言，构成对象的三要素是（　　）。
 A. 属性、控件和方法   B. 属性、事件和方法
 C. 窗体、控件和过程   D. 控件、过程和模块

6. 关于 Visual Basic "方法"的概念错误的是（　　）。
 A. 方法是对象的一部分   B. 方法是预先定义好的操作
 C. 方法是对事件的响应   D. 方法用于完成某些特定的功能

7. Visual Basic 对象窗口的主要功能是（　　）。
 A. 建立用户界面   B. 编写源程序代码
 C. 画图   D. 显示文字

8. 通过以下（　　）窗口可以在设计时直观地调整窗体在屏幕上的位置。
 A. 代码窗口   B. 窗体布局窗口
 C. 窗体设计窗口   D. 属性窗口

9. 以下叙述中错误的是（　　）。
 A. 事件过程是响应特定事件的一段程序   B. 不同的对象可以具有相同名称的方法
 C. 对象的方法是执行指定操作的过程   D. 对象事件的名称可以由编程者指定

二、填空题

1. Visual Basic 6.0 中的工具栏有两种形式，分别为_____形式和_____形式。

2. 可以通过_____菜单中的_____命令退出 Visual Basic 6.0。

3. 工程文件的扩展名是_____，窗体文件的扩展名是_____。

4. 扩展名为.bas 的文件称为_____。

第 2 章　Visual Basic 简单程序设计

2.1　通过一个简单的应用程序快速入门

学习 VB 最好的方法是实践，现在先动手设计一个简单的应用程序。

【例 2.1】如图 2-1 所示，制作一个简单的应用程序的运行界面。它由一个窗体、一个文本框和一个命令按钮组成。当用户单击"显示"命令按钮时，文本框中出现"欢迎使用 VB"。

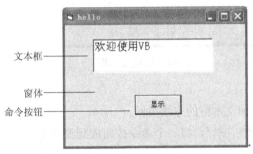

图 2-1　简单的应用程序的运行界面

下面简单叙述其设计步骤:

1．新建工程

启动 VB 后，在"新建工程"对话框中选择"标准 EXE"选项，单击"打开"按钮，新建一个标准工程，同时系统提供一个标题名为"Form1"的窗体。接下来在这个窗体上进行设计。

2．添加文本框

① 双击工具箱中的文本框图标，一个文本框控件就出现在窗体的中心位置上，如图 2-2 所示。文本框中显示的文本为"Text1"，这是系统的默认值，文本框大小也是系统的默认值。

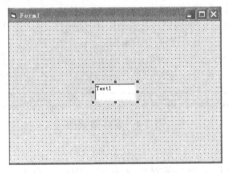

图 2-2　添加文本框

② 文本框四周有 8 个小方块，它们是"调整控制点"，角上的控制点可以同时调整水平和垂直两个方向的大小，而边上的控制点调整一个方向的大小。光标移动到控制点后会变成双向箭头，按下鼠标左键进行拖动，使文本框的长短合适。

③ 将光标移动到文本框上，按下鼠标左键进行拖动，把文本框移动到所希望的位置。经过调整后的文本框如图 2-3 所示。

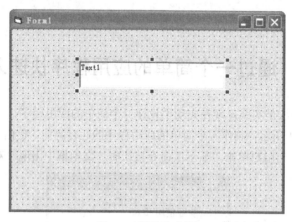

图 2-3　调整文本框

3．添加命令按钮

添加命令按钮的方法与添加文本框的方法类似。

① 双击工具箱中的命令按钮图标，将一个命令按钮放到窗体上。

② 调整其大小。

③ 拖动命令按钮改变其位置。

至此，已建立一个窗体，一个文本框，一个命令按钮共 3 个对象，如图 2-4 所示。

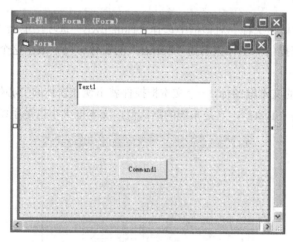

图 2-4　窗体效果图

4．设置属性

① 单击窗体 Form1，使其成为当前对象（窗体四周有 8 个小方框）。当前对象又称被选中的对象。

② 在右侧属性窗口中找到 Caption 选项，将原有默认属性值"Form1"改为"hello"，如图 2-5 所示。

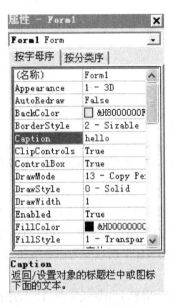

图 2-5　Forml 属性窗口

③ 用同样的方法设置文本框的属性。将文本框的 Text（文本）属性设置为空，即将"Text"的属性值"Text1"清空。

④ 在属性窗口文本框的属性清单中找到"Font"并单击，右侧出现一个按钮，单击该按钮，打开"字体"对话框，如图 2-6 所示。字体大小选用四号，单击"确定"按钮，关闭"字体"对话框。

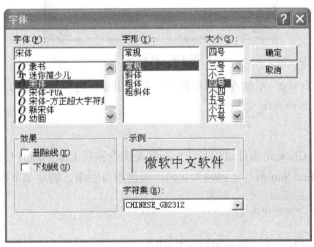

图 2-6　"字体"对话框

⑤ 按照上述办法，将命令按钮 Command1 的 Caption（标题）属性改为"显示"。这时可以看到命令按钮的标题由"Command1"变成"显示"，如图 2-7 所示。

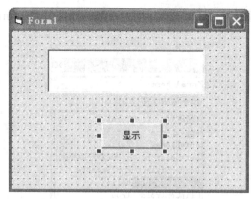

图 2-7　更改命令按钮 Caption 属性

5. 编写事件过程代码

前面的工作把应用程序的界面设计好了，属性也设置完毕。但应用程序仍不能实现实际功能。为了使它具有一定功能，还必须为对象编写实现某一功能的事件过程代码。因为题目要求单击命令按钮后，文本框内显示"欢迎使用 VB"，所以要为命令按钮这个对象的单击事件编写一段程序，其过程如下：

① 双击窗体上的"显示"按钮，屏幕上出现代码窗口，程序代码就在这里编写，如图 2-8 所示。

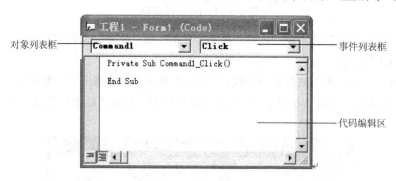

图 2-8　代码窗口

② 当打开代码窗口时，系统在代码编辑区自动给出事件过程的首行和末行：

```
Private Sub Command1_Click()

End Sub
```

其中 Command1_Click 是事件过程名，表示这是命令按钮 Command1 的 Click 事件过程。在 Command1_Click 和 End Sub 两行之间输入代码，根据题目要求，编写如下事件过程：

```
Private Sub Command1_Click()
    Text1.Text="欢迎使用 VB"
End Sub
```

至此，程序代码编写完毕，现在可以运行程序。

6. 运行应用程序

① 选择"运行"→"启动"命令，屏幕上出现图 2-9 所示的运行界面。

② 单击"显示"按钮，文本框中显示"欢迎使用 VB"，如图 2-10 所示。

图 2-9　简单应用程序运行界面　　　　　　　图 2-10　简单应用程序运行效果图

③ 执行"运行"→"结束"命令，结束应用程序的运行。

7．保存应用程序

VB 应用程序至少有如下两种文件需要保存：窗体文件（.frm）和工程文件（.vbp）。窗体文件包含对象的描述、事件过程等信息，工程文件包含工程内所有文件的名称和存放目录等信息。这两种文件必须在 VB 环境下才能运行。

保存应用程序的过程如下：

① 选择"文件"→"保存工程"命令，弹出"文件另存为"对话框，如图 2-11 所示，它用来保存窗体文件。选择保存文件夹，输入窗体文件名（如 Form1.frm），单击"保存"按钮。

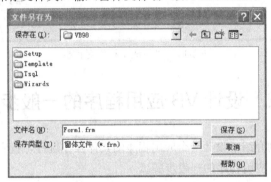

图 2-11　"文件另存为"对话框

② 窗体文件保存完毕，屏幕上弹出"工程另存为"对话框。如图 2-12 所示，它用来保存工程文件。选择保存文件夹，输入工程文件名，然后单击"保存"按钮。

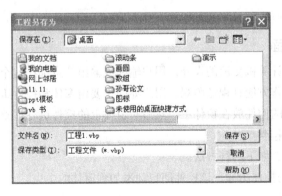

图 2-12　"工程另存为"对话框

8. 生成 EXE 文件

程序一旦设计完成，且测试成功，还可以将它编译成可直接执行的 EXE 文件，这样用户就可以在 Windows 环境中直接执行该程序，而不必再进入 VB 环境。

操作步骤为：选择"文件"→"生成 Form1.exe"命令（Form1 是当前工程的文件名，作为默认文件名），弹出"生成工程"对话框，如图 2-13 所示。选择保存文件夹，输入文件名，单击"确定"按钮，EXE 文件便生成了。

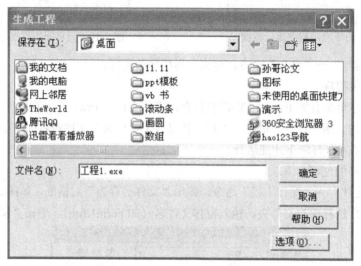

图 2-13　"生成工程"对话框

2.2　设计 VB 应用程序的一般步骤

在 2.1 节中通过实例介绍了设计一个应用程序的具体操作过程，读者对 VB 有了一定的感性认识。本节介绍设计 VB 应用程序的一般步骤。

概括起来，VB 开发应用程序分 4 个步骤：

① 设计用户界面。

② 设置各个对象的属性。

③ 编写事件代码。

④ 保存、运行、调试，生成 EXE 文件。

2.2.1　设计用户界面

用户界面是用户与计算机交流的媒介，用户输入或输出信息都在这个界面中进行。一个良好的用户界面能使用户操作方便且视觉美观。用户界面主要由窗体和控件组成，设计用户界面的主要工作就是把构成界面的控件放在窗体上，然后对窗体上的控件进行调整。

1. 向窗体上添加控件

向窗体上添加控件有如下两种方法：

① 双击工具箱中的控件图标，该控件即自动添加到窗体的中央。

② 单击工具箱中的控件图标，然后将鼠标指针移到窗体上，鼠标指针变成十字形，在窗体上需要放控件的位置按住左键拖动鼠标画出想要的尺寸，然后释放鼠标左键，即可在窗体上画出该控件。

2．对窗体上的控件进行调整

① 选中控件。单击窗体上的某个控件，则选中该控件。若要选中窗体上的多个控件，可按住【Shift】或【Ctrl】键并单击这些控件。如果要选择的控件彼此相邻，可以用鼠标在其周围拖动画一个框进行选择。所选控件四周出现控制点，表示选中。

② 调整控件大小及位置。通过对控件四周控制点的拖动，可调整控件的大小，而通过对控件的拖动，可调整控件的位置。若要对窗体上的多个控件进行精确布置，可使用"格式"菜单。例如，想让 3 个命令按钮的大小完全一样，可以这样操作：先选择这 3 个命令按钮，然后选择"格式"→"统一尺寸"命令。

2.2.2　设置各个对象的属性

属性是指对象的特征，如大小、名称、标题、颜色、位置等。属性窗口列出了被选中对象的所有属性，利用属性窗口，可为界面中的对象（窗体或控件），设置相应的属性。

打开属性窗口可用以下 3 种方法。

① 选择"视图"→"属性窗口"命令。

② 按【F4】键。

③ 单击工具栏中的"属性窗口"按钮。

在属性窗口中所进行的是属性初始值的设置，用户也可在程序中对它们进行设置和修改。

2.2.3　编写事件代码

为了使应用程序具有一定的功能，还必须为对象编写实现某一功能的程序代码，编写程序代码要在"代码窗口"中进行。打开代码窗口可使用以下 4 种方法。

① 双击对象。

② 选择"视图"→"代码窗口"命令。

③ 使用对象的上下文菜单。

④ 在工程窗口中单击查看代码图标。

编写程序代码是创建 VB 应用程序的主要工作环节，用户需要的运算、处理，都需要通过编写代码来实现。一个好的程序具有以下特点。

① 正确性：能运行通过，并达到预期目的。

② 易读性：结构清晰，便于查错、修改。

③ 运行效率高：程序运行时间较短，占用的存储空间较少。

VB 代码书写格式比较自由。代码不区分字母的大小写，一行允许多达 255 个字符。通常一行写一条语句，这样程序看起来比较清晰。在同一行上也可写多条语句，语句间用冒号"："分隔。例如：a=4:b=5:c=6。单行语句也可分若干行书写，但要使用一个空格后跟一个下画线作续行符。如下所示：

```
dim a as single ,b as single ,c as single _
d as single ,e as single
```

2.2.4 保存、运行、调试及生成 EXE 文件

1．保存工程

选择"文件"→"保存工程"命令或单击工具栏中的"保存"按钮即可。对于新工程，系统会在对话框中提示输入保存的文件夹和文件名，分别保存各类文件。如果再一次保存工程，此对话框就不会再出现，因为系统已经知道了要保存的位置和文件名。如果要以另外的文件名存盘，可以选择"文件"→"工程另存为"命令。

2．运行调试工程

运行工程，尽可能地发现程序中存在的错误和问题，排除错误、解决问题。运行工程可用以下 3 种方法：

① 选择"运行"→"启动"命令。

② 单击工具栏中的"启动"按钮。

③ 按【F5】键。

一般来讲，程序很少能一次运行通过，这是因为程序中有错误。程序中有错误是在所难免的，这是由它所反映的实际问题的复杂性及程序本身逻辑结构的复杂性决定的。但是我们对程序中的错误不能置之不理，必须加以排除。

程序中的错误可分为 3 类：

① 编译错误。在程序编译过程中发现的语法错误。如表达式(a+b*(d+e)，缺少了右括号。

② 运行错误。在程序运行时执行了非法操作。如除法运算时除数为零等。

③ 逻辑错误。在程序编译和运行时均不能发现的错误。如把 x+2 写成了 x+3。

对于前两类错误，在录入或运行过程中系统会指出，用户可根据系统给出的提示信息予以排除，而对于逻辑错误，则比较麻烦，需要认真分析，有时需借助调试工具才能查出。

3．生成 EXE 文件

选择"文件"→"生成……exe"命令（实际操作时，省略号位置上显示的是当前的工程文件名），在弹出的"生成工程"对话框中，选择保存文件夹，输入文件名，单击"确定"按钮，EXE文件便生成了。

2.3 应用程序的语法规则及常用语句

Visual Basic 作为一门程序设计语言有一些强制性的规定和规则要遵守，这些必须要遵守的规定被称为 Visual Basic 的语法。本节将说明 Visual Basic 程序设计的一般过程。首先介绍 Visual Basic 程序代码所遵循的语法规则。

2.3.1 Visual Basic 中的语法规则

计算机程序设计语言是有语法规则的，以保证计算机能理解程序代码的含义。不遵守规则，就会出错，不能达到人与计算机进行交流的目的。

1．字母的大小写

Visual Basic 源程序中不区分大小写。所有的标识符只有一种大小写形式，Visual Basic 的代码编辑器会自动地把代表同一标识符的不同大小写形式转换成为最先出现的形式。如果是对象名，

以属性窗口给定的为准；如果是变量名、过程名，以定义时给定的为准。

如果输入是关键字，如 Sub、End、Form 等，Visual Basic 会自动地转换为首字母大写的形式。

2．语句

Visual Basic 中的语句是执行具体操作的指令。一般情况下，输入程序要求一行一句，一句一行。每条语句都有明确的含义，能完成一定的任务。在 Visual Basic 的代码窗口中输入程序时，当写完一条语句后，按【Enter】键另起一行再写下一条语句，语句末尾不加任何的语句结束符。语句与语句之间可以有空行，每条语句中可以有一定数量的空格或制表符。

每次按【Enter】键，Visual Basic 的代码编辑器会对刚输入的语句进行必要的语法检查，一些比较明显的错误可在这一环节上被排除。

3．续行

如果语句太长，可以分成连续的多个屏幕行进行书写，这时，未完的行要以空格加下画线（称为"续行符"）结尾。注意分行时要避开关键字、对象名、过程名。如：

```
lblMyFirst.Caption= lblMyFirst.Caption  _
+"12313"
```

4．语句组

如果想把几个语句放在一个屏幕行中，各语句之间要用冒号（:）隔开，构成语句组。如：

```
txtFirst.Text="Hello"  : frmOpen.Top=1000 : frmOpen.Left=1200
```

从程序的可读性角度考虑，最好一行书写一条语句。

5．注释

可在程序中加入以单引号开头的解释性文字，单引号为"注释符"，这些文字为注释内容，主要用来解释语句、过程的作用，以便他人或开发者本人日后能够读懂程序。注释内容在程序执行时被忽略。注释内容可以单独占用一行，也可以写在其他语句后面，但续行符后不能写注释。如：

```
' 这是2009年12月11日编写的
txtMy.Text = "您好！"            ' 在文本框中向用户问好
```

6．行号与行标号

Visual Basic 允许在语句前加行号或行标号。行号是任意整数，不要求连续，也不要求递增或递减。行标号是以字母开头的以冒号结束的任意字符串。行号与行标号之前不能有空格。一般情况下没有必要使用，除非有特殊用途。

7．英文符号与中文符号

Visual Basic 的语法要素中使用的都是英文符号（称半角符号），所以在输入源程序时，应该将中文输入法关闭，避免输入全角字母和符号。全角字母和符号只有在字符串常量中才可以使用。

8．程序的缩进格式

为了使程序便于阅读、易于调试，人们约定了锯齿形缩进的程序书写方式。将过程体、函数体、循环体等多条语句用【Space】或【Tab】键向后缩进，使得程序错落有致，具有层次感。

9. 其他注意事项

在 Visual Basic 的程序代码中，一个语句行的开头可以有多个空格（有行号和行标号的除外）。关键字、运算符、常量、变量、属性名之间一般都要用一个空格隔开。在大多数情况下，Visual Basic 的编辑器会在光标移到其他程序行时自动插入这些空格。但是，有些场合（如字符串转接运算符"&"或求余运算符"Mod"等）是要求输入空格的。

2.3.2 Visual Basic 中的几个常用语句

为了方便介绍语句、方法、函数等的使用方法及语法格式，在命令格式中通常采用一些特殊的符号表示，包括尖括号<>、方括号[]、花括号{}、竖线|、逗号加省略号，...、省略号...等。这些符号不是命令的组成部分，在输入具体命令时，这些符号均不可作为语句中的成分输入计算机，它们只是命令的书面表示。具体含义如下：

<> 其中的参数表示为必选参数。

[] 其中的参数为可选参数，其中的内容选择由用户根据具体情况决定，且都不影响语句本身的功能。如省略，则采用默认值。

| 表示从多个选项中选一项，用此竖线分隔多个选项。

{} 其中的内容包含了多选一的各项。

,... 表示同类的项目重复多项。

... 表示省略了在当时叙述中不涉及的语句部分。

本节将介绍 Visual Basic 中的几个常用语句，包括赋值语句、注释语句、暂停语句和结束语句，其他语句将在以后的章节介绍。

1. 赋值语句

赋值语句可以把某个指定的值赋给某个变量或某个对象的属性。

（1）赋值语句的格式

```
[Let] 目标操作数=源操作数
```

这里的"目标操作数"指的是变量或对象的属性，"="称为赋值号，"源操作数"是要赋的值。

（2）赋值语句的功能

把"源操作数"的值赋给"目标操作数"。例如：

```
Text1.Text="This is a String"
Text2.Text=Text1.Text
```

在上面的例子中，第一条语句把一个字符串赋给文本框 Text1 的 Text 属性，第二条语句将文本框 Text1 的 Text 属性值赋给文本框 Text2 的 Text 属性。执行完第二条语句后，文本框 Text2 的 Text 属性值应该为"This is a String"。

（3）说明

① 赋值语句以关键字 Let 开头，因此也称为 Let 语句，但通常都省略该关键字。

② "="是赋值号，具有单向性，即只能将源操作数传送给目标操作数，反之则不然。

③ 赋值号左边只能是单个变量名或对象的属性名，不能是其他运算量。

④ 赋值号右边可以是常量、变量、函数或表达式。

⑤ 赋值语句兼有计算与赋值双重功能，它首先计算出赋值号右边"源操作数"的值，然后再

把此值赋给"目标操作数"。例如：

```
a=2:b=3:c=a+b
Text1.Text="This is the first example" & _
"of the Visual basic Program"
```

在上面的例子中，"&"将两个字符串连接成一个字符串。

⑥ "目标操作数"与"源操作数"的数据类型原则上必须一致。

⑦ 一个语句只能给一个变量或属性赋值。如：将数值 2 同时赋给变量 a 和 b，应该写成：

```
a=2:b=2
```

而不能写成：

```
a=b=2
```

式中前一个是赋值号，后一个是等号，不能完成将 2 同时赋给 a 和 b 两个变量的目标。

2．注释语句

为了提高程序的可读性，通常要在程序的适当位置加上必要的注释。Visual Basic 中的注释语句是"Rem"或一个单引号"'"。格式为：

```
Rem 注释内容
'注释内容
```

说明：

① 注释语句是非执行语句，仅对程序的有关内容起注释作用。它不被解释和编译。

② 任何内容都可以放在注释行中作为注释内容。注释语句通常放在过程、模块的开头作标题用，Rem 必须放在行首，而第二种格式可以放在执行语句（单行或复合语句行）的后面。如果放在执行语句后面，注释语句必须是最后一个语句。例如：

```
Rem this is a remark
'this is a remark
a=5:b=6:c=7       '给三个变量赋值
```

③ 注释语句不能放在续行符后面。

3．暂停语句（Stop）

格式：Stop

Stop 语句用来暂停程序的执行，它的作用类似于执行"运行"菜单中的"中断"命令。当执行 Stop 语句时，程序将中断并自动打开立即窗口。

Stop 语句主要用于调试程序，在程序调试结束并生成可执行代码之前，应删去所有的 Stop 语句。

4．结束语句（End）

格式：End

End 语句通常用来结束一个程序的执行。可以把它放在事件过程中，例如：

```
Private Sub Command1_Click()
    End
End Sub
```

该过程用来结束程序，即单击该命令按钮时，结束程序的运行。

当在程序中执行 End 语句时，将中止当前程序，重置所有变量，并关闭所有数据文件。

2.4 窗　　体

对象是 Visual Basic 中的重要概念。Visual Basic 是一种面向对象的程序设计语言，在进行程序设计的过程中，大部分设计工作是与对象进行交互操作。这里讨论最基本的两种对象：窗体和控件。

Windows 操作系统中应用程序的界面是以窗口为基础的。窗口由窗体和其中的各种控件组成的。窗体对象作为各种控件对象的容器，在 Visual Basic 编程中起着重要的作用。

窗体是窗口的框架，是 Visual Basic 程序最基本的对象，是各类控件的容器。Visual Basic 开发环境为每个窗体模块自动地创建了一个窗体对象，程序运行后，一个窗体对应一个窗口。窗体具有自己的属性、事件和方法。

2.4.1　窗体的结构

窗体是一个空窗口，由标题栏、边框和客户区组成，如图 2-14 所示。

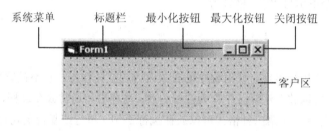

图 2-14　窗体的结构

1. 标题栏

标题栏由窗口图标、标题文字、最小化按钮、最大化/还原按钮和关闭按钮组成。

① 窗口图标位于窗体的左上角，在程序运行时，单击窗口图标可以弹出系统菜单，也叫控制菜单，上面有一些缩放、移动和关闭窗口命令；双击该图标将关闭窗体。

② 标题文字是窗口的标题。

③ 单击最大化按钮可以使窗体扩大至整个屏幕，单击最小化按钮可将窗体缩小为一个图标，而单击关闭按钮将关闭窗口。

上述系统菜单、标题文字、最小化按钮、最大化按钮可以通过窗体属性设置，分别为 ControlBox、Caption、MinButton、MaxButton 属性。

2. 边框

边框表明窗体的有效区域，可以通过边框上的八个控点来调整窗体的大小。

3. 客户区

客户区用来放置各类控件并可绘制图形，控件不能被放到窗体的标题栏和边框上。

2.4.2　窗体的常用属性

窗体属性决定了窗体的特征。可以用两种方法来设置窗体属性：一是通过属性窗口进行设置；二是通过在窗体事件过程中用程序代码进行设置。大部分属性既可以通过属性窗口设置，也可以通过代码设置，而有些属性只能用程序代码设置或只能用属性窗口设置。通常把只能通过属性窗口设置的属性称为"只读属性"。名称（Name）属性就是只读属性。

下面列出窗体的常用属性，这些属性也同时适用于其他对象。

1．Name（名称）

该属性用来定义对象的名称。用 Name 属性定义的名称是在程序代码中使用的对象名，与对象的标题（Caption）不同。Name 是只读属性，在运行时，对象的名称不能改变。对象名必须满足以下条件：

① 必须以字母开头。

② 以包含字母、数字和下画线，不能包括标点和空格。

③ 不能多于 40 个字符。

④ 不能与其他公共对象重名，可以与关键字相同，但应避免。

⑤ 在同一模块下，不能重名。

⑥ 建议为对象名加上类型前缀。

该属性适用于窗体、所有控件、菜单和菜单命令。

注意：在 Visual Basic 中文版的属性窗口中，Name 属性通常作为第一个属性，并写作"（名称）"。

2．Caption（标题）

该属性用来定义窗体标题。启动 Visual Basic 或选择"工程"→"添加窗体"命令，向工程中添加窗体后，窗体使用的是默认标题（如 Form1，Form2 等）。用 Caption 属性可以把窗体标题改为所需要的名字。该属性既可通过属性窗口设置（在属性窗口中为字符串类型的属性赋值，不必在字符串两边加双引号），也可在事件过程中通过程序代码设置（在程序代码中为字符串类型的属性赋值，必须在字符串两边加双引号），其格式如下：

```
对象.Caption[=字符串]
```

这里的"对象"可以是窗体、复选框、命令按钮、数据控件、框架、标签、菜单及单选按钮，字符串是要设置的对象的标题。例如：

```
Form1.Caption="Visual Basic Caption Test"
```

将窗体 Form1 标题设为"Visual Basic Caption Test"。如果省略"="字符串""，则返回对象的标题。该例中的属性设置都有对象名，即 Form1。如果省略对象名，则默认为当前窗体。

3．Top、Left（顶边、左边位置）

这两个属性用于设置对象的顶边和左边的坐标值，用以控制对象的位置。坐标值的默认单位是 Twip。当用程序代码设置时，其格式为：

```
对象.Top[=y]
对象.Left[=x]
```

这里的"对象"可以是窗体和绝大多数控件。当"对象"是窗体时，Left 指的是窗体的左边界与屏幕左边界的相对距离，Top 指的是窗体的顶边与屏幕顶边的相对距离；而当"对象"为控件时，Left 和 Top 分别指控件的左边和顶边与窗体的左边和顶边的相对距离。

实质上，窗体的 Left 和 Top 属性就是窗体的左上角在屏幕上的位置坐标。坐标原点是屏幕显示的左上角，水平方向向右为 X 正方向，垂直方向向下为 Y 正方向。

4．Height、Width（高、宽）

这两个属性用于指定窗体的高度和宽度，其单位为 Twip。如果不指定高度和宽度，则窗口的大小与设计时窗体的大小相同。

如果通过程序代码设置这两个属性，则格式如下：

```
对象.Height[=数值]
对象.Width[=数值]
```

这里的"对象"可以是窗体和各种控件，包括复选框、组合框、命令按钮、目录列表框、文件列表框、驱动器列表框、框架、网格、水平滚动条、垂直滚动条、图像框、标签、列表框、OLE、单选按钮、图片框、形状、文本框、屏幕及打印机。"数值"为单精度型，其计量单位是 Twip。如果省略"=数值"，则返回对象的高度或宽度。例如：

```
Form1.Width=7000                          '窗体宽度设为 7000Twip
Form1.Height=3000                         '窗体高度设为 3000Twip
```

5. Enabled（允许）

该属性用于激活或禁用对象。每个对象都有一个 Enabled 属性，可以被设置为 True 或 False，分别用来激活或禁用对象。禁用某个对象时，该对象可见，但是不可用。对于窗体，该属性一般被设置为 True；但为了避免鼠标或键盘消息发送到某个窗体或为了使某个窗体不响应键盘、鼠标事件，也可以设置为 False。该属性可在属性窗口中设置，也可以通过程序代码设置，其格式如下：

```
对象.Enabled[=Boolean]
```

这里的"对象"可以是窗体、所有控件及菜单，其设置值可以是 True 或 False。当属性值设置为 False 时，运行时相应的对象不可用，用户不能访问。在默认情况下，窗体的 Enabled 属性为 True。如果省略"=Boolean"，则返回对象当前的 Enabled 属性。

当窗体的 Enabled 属性为 False 时，窗体上所有的控件都不响应用户的操作。

6. Visible（可见性）

用来设置对象的可见性。如果将该属性设为 False，则将隐藏对象；如果设置为 True，则对象可见。

当用程序代码设置时，格式如下：

```
对象.Visible[=Boolean]
```

这里的"对象"可以是窗体和任何控件（计时器除外），其设置值为 True 或 False。在默认情况下，Visible 属性的值为 True。

注意：只有在运行程序时，该属性才起作用。也就是说，在设计阶段，即使把窗体或控件的 Visible 属性的值设为 False，窗体或控件也仍然可见，程序运行后不可见。

当对象为窗体时，如果 Visible 属性的值为 True，则其作用与 Show 方法相似；类似地，如果 Visible 属性的值为 False，则其作用与 Hide 方法相同。

7. Font（字体）

字体属性用来设置输出字符的各种特性，包括字体、大小等。这些属性适用于窗体和大部分控件，包括复选框、组合框、命令按钮、目录列表框、文件列表框、驱动器列表框、框架、网格、标签、列表框、单选按钮、图片框、文本框及打印机。

Visual Basic 中提供了各种英文字体和汉字字体，字形属性可以通过属性窗口设置（Font 属性栏），也可以通过程序代码，设置 FontName、FontSize 等属性。对于字体的各种属性一经设置后就开始起作用，并且不会自动撤销，只有重新设置后才能改变属性值。

下面将从类型、大小和属性等方面对字体进行介绍。

（1）字体类型

在窗体、控件或打印机等对象上输出信息时，可以通过 FontName 属性设置输出字体的类型。

① 格式。设置 FontName 属性的一般格式为：

[窗体.]|[控件.]|[Printer.]FontName[="字体类型"]

② 参数。"字体类型"是指可以在 Visual Basic 中使用的英文和中文字体，其中中文字体可以使用的数量取决于操作系统的汉字环境。若省略"=字体类型"，则返回当前正在使用的字体类型。

（2）字体大小

在窗体、控件或打印机等对象上输出信息时，可以通过 FontSize 属性设置输出字体的大小。

① 格式。设置 FontSize 属性的一般格式为：

[窗体.]|[控件.]|[Printer.]FontSize[=点数]

② 参数。"点数"用来设定字体的大小，默认情况下，系统使用的最小字体点数为 9。如果省略"=点数"，则返回当前正在使用的字体大小。

（3）粗体字

粗体字由 FontBold 属性来设置，其一般格式为：

[窗体.]|[控件.]|[Printer.]FontBold[=True|False]

当取值为 True 时，表明文本以粗体字输出，取值为 False 时，则按正常形式输出。默认取值为 False。

（4）斜体字

斜体字由 FontItalic 属性来设置，其一般格式为：

[窗体.]|[控件.]|[Printer.]FontItalic[=True|False]

当取值为 True 时，表明文本以斜体字输出，取值为 False 时，则按正常形式输出。默认取值为 False。

（5）加下画线

加下画线由 FontUnderline 属性实现。其一般格式为：

[窗体.]|[控件.]|[Printer.]FontUnderline[=True|False]

当取值为 True 时，表明文本加下画线输出，取值为 False 时，则按正常形式输出。默认取值为 False。

（6）加删除线

加删除线由 FontStrikethru 属性实现。其一般格式为：

[窗体.]|[控件.]|[Printer.]FontStrikethru[=True|False]

当取值为 True 时，在输出的文本中部画一条直线，当取值为 False 时，则按正常形式输出。默认取值为 False。

（7）重叠显示

通过设置 FontTransparent 属性，可以使信息与原有位置显示的图片与文本重叠显示。其一般格式为：

[窗体.]|[图片框.]FontTransparent[=True|False]

如果该属性取值为 True，则前景图形或文本和背景可以重叠显示，否则背景将被前景的内容覆盖。默认取值为 True。

（8）TextHeight 和 TextWidth 方法

TextHeight 和 TextWidth 方法用来返回一个文本字符串的高度值和宽度值（单位为 Twip）。当字符串的字形和大小不同时，所返回的值也不一样。其一般格式为：

```
[窗体.]|[图片框.] TextHeight(字符串)
[窗体.]|[图片框.] TextWidth(字符串)
```

【例 2.2】字体属性的测试。程序运行后，单击窗体，运行结果如图 2-15 所示。

编写事件过程如下：

```
Private Sub Form_Click()
    Dim msg As String
    msg="吉林师范大学计算机学院"
    FontName="System"
    FontSize=30
    FontBold=True
    FontItalic=True
    FontUnderline=True
    FontStrikethru=True
    Print msg
    FontBold=False
    FontItalic=False
    FontUnderline=False
    FontStrikethru=False
    Print TextHeight(msg)
    Print TextWidth(msg)
    Print msg
End Sub
```

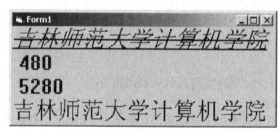

图 2-15　例 2.2 运行结果

8．ForeColor（前景颜色）

用来定义窗体的前景颜色，其设置方法及适用范围与 BackColor 属性相同。由 Print 方法输出（显示）的文本均按用 ForeColor 属性设置的颜色输出。

9．BackColor（背景颜色）

该属性用来设置窗体的背景颜色。颜色是一个十六进制数，每种颜色都用一个数来表示。不过，在程序设计时，不必用颜色常量（每种颜色对应的数）来设置背景色，可以通过调色板来直观地设置，其操作是：选择属性窗口中的 BackColor 属性条，单击右端的箭头，将弹出一个对话框，在该对话框中选择"调色板"选项卡，即可显示一个调色板，如图 2-16 所示。此时只要单击调色板中的某个色块，即可把这种颜色设置为窗体的背景色。

图 2-16 BackColor 属性

该属性适用于窗体及大多数控件，包括复选框、组合框、命令按钮、目录列表框、文件列表框、驱动器列表框、框架、网格、标签、列表框、OLE、单选按钮、图片框、形状及文本框。

10. BorderStyle（边框类型）

该属性用于确定窗体边框的类型，边框类型决定了窗体的标题栏与可缩放性。可设置为 6 个预定义值之一（见表 2-1）。

表 2-1　窗体边框类型

设 置 值	作 用
0-None	窗体无边框
1-Fixed Single	固定单边框。可以包含控制菜单、标题栏、关闭按钮
2-Sizable	（默认值）可调整的边框。窗体大小可变，并有标准的双线边界
3-Fixed Dialog	固定对话框。可以包含控制菜单、标题栏，但没有最大化和最小化按钮，运行时窗体大小不能改变（设计时设定大小），并有双线边界
4-Fixed ToolWindow	固定工具窗口。窗体大小不能改变，只显示关闭按钮，并用缩小的字体显示标题栏
5-Sizable ToolWindow	可变大小工具窗口。窗体大小可变，只显示关闭按钮，并用缩小的字体显示标题栏

在运行期间，BorderStyle 属性是"只读"属性，只能在设计阶段设置，不能在运行期间改变。

除窗体外，BorderStyle 属性还可用于多种控件，其设置值也不一样。

11. ControlBox（控制框）

该属性用来设置窗体控制框（也称系统菜单，位于窗体左上角）。当该属性设置为 True（默认）时，则正常显示，窗口左上角会显示一个控制框；如果为 False 时，则窗体标题栏上只显示标题文字，不显示图标和 3 个按钮。此外，ControlBox 还与 BorderStyle 属性有关。如果把 BorderStyle 设置为"0-None"，则 ControlBox 不管设置为什么值，都不起作用，因为此时窗体无边框，没有标题栏、控制框及最大、最小化按钮。ControlBox 属性只适用于窗体，运行时只读。

12. MaxButton、MinButton（最大化按钮、最小化按钮）

这两个属性用来设置窗体右上角的最大、最小化按钮。如果希望显示最大或最小化按钮，则应将两个属性设置为 True；某一个值为 False 时，该按钮将不可用（以灰色显示）；当两者的值均为 False 时，两个按钮从标题栏上消失。如果 BorderStyle 属性被设置为 "0-None"，则这两个属性将被忽略。如果窗体的 ControlBox 属性值为 False，则无论两者的属性取值如何，都不显示最大化和最小化按钮。

最大化按钮、最小化按钮属性只适用于窗体，运行时只读。

13．Icon（图标）

该属性用来设置窗体左上角的窗口图标，也是窗体最小化时的图标。通常把该属性设置为.ico 或.cur 格式的图标文件，当窗体最小化时显示为图标。VB 对.ico 或.cur 文件的位置没有具体规定，但通常应该和其他程序文件放在同一个目录下。

如果在设计阶段设置该属性，可以从属性窗口的属性列表中选择该属性，然后单击设置框右端的省略号按钮 "..."，再从弹出的 "加载图标" 对话框中选择一个图标文件；如果用程序代码设置该属性，则需使用 LoadPicture 函数或将另一个窗体的图标属性值赋给该窗体的图标属性；要删除 Icon 属性的值，只需在其属性值上按【Delete】键；如果属性值为 "（无）"，则使用 Visual Basic 的默认窗口图标。

该属性只适用于窗体。

14．Picture（图形）

用来在对象中显示一个图形，该图形可显示在窗体表面上，作为控件的背景。用该属性可以显示多种格式的图形文件，包括.ico，.bmp，.wmf，.gif，.jpg，.cur 等。设置 Picture 属性的方法与 Icon 属性相同。

该属性适用于窗体、图像框、OLE 和图片框。

15．WindowState（窗口状态）

决定窗体的当前状态是还原、最小化还是最大化。可以用属性窗口设置，也可以用程序代码设置，格式为：

```
对象.WindowState[=设置值]
```

这里的 "对象" 只能是窗体，"设置值" 是一个整数，取值为 0、1、2，代表的操作状态分别为：

0　　正常状态，有边界窗口。

1　　最小化状态，显示一个示意图标。

2　　最大化状态，无边界，充满整个屏幕。

"正常状态" 也称为 "标准状态"，即窗体不缩小为一个图标，一般也不充满整个屏幕，其大小以设计阶段所设计的窗体为基准。但是，程序运行后，窗体的实际大小取决于 Width 和 Height 属性的值，同时可以用鼠标改变其大小。

应注意的是，在窗体处于最大化或最小化状态时，不能改变其 Left、Top、Width 和 Height 属性的值。无论 MaxButton 和 MinButton 属性的取值如何，都可以通过程序设置 WindowsState 属性值，使窗体最大化或最小化。

2.4.3　窗体的常用方法

方法是指对象具有的行为和能执行的动作，实现方法的代码不需要编程者编写，只需要合理调用对象已有的方法让对象执行该方法。调用对象方法的一般形式是：

```
对象名.方法名 [参数]
```

如果所调用的方法没有参数，则调用时省略参数部分；如果有多个参数，多个参数间由逗号分隔。

1．Move 方法

Move 方法可移动对象，并可以改变其大小，调用的语法格式如下：

```
对象名.Move left [,top [,width [,height]]]
```

上述语法中的对象名在使用时用实际的对象名替换。left、top、width、height 是 Move 方法的 4 个形式参数，要求都是数值并用逗号隔开。Move 方法的功能是将对象移到 left、top（左上角坐标）指定的位置，同时由 width、height 的值调整该对象的大小。

注意：left、top、width、height 这 4 个形式参数的含义和对象的同名属性相同，但此处不是属性名，使用时用实际的数值代替这 4 个形式参数，执行该方法后，会自动用这 4 个数值代替对象的相应 Left、Top、Width、Height 4 个属性的值，以反映对象的新的位置和大小；这 4 个参数只有 left 是必须给定的，其他 3 个参数是可选参数，但是，如果要给出某一个参数，必须先给定语法中出现在该参数前面的全部参数，即 4 个参数的省略是由后到前的，后面不省，前面一定不可以省略。

例如，若 frmFirst 为一个窗体对象名，下列的语句是正确的：

```
frmFirst.Move 1000,1000,1200,1200     '移到新位置（1000，1000），并改变大小
frmFirst.Move 1000,1000,1200          '移到新位置（1000，1000），并改变宽度
frmFirst.Move 1000,1000               '移到新位置（1000，1000）
frmFirst.Move 1000                    '水平移到横坐标为 1000 处
```

下面的调用省略了中间的参数，是错误的：

```
frmFirst.Move 1000, , ,1200           '错误！缺少参数
```

2．Hide 方法

格式：[窗体名称.]Hide

Hide 方法使窗体隐藏，即不在屏幕上显示，但窗体仍在内存中，因此，它与 UnLoad 语句的作用是不一样的。

Hide 方法没有参数，功能是将窗体隐藏起来，同时把 Visible 属性设为 False。

3．Show 方法

格式：[窗体名.]Show [模式]

格式中的"窗体名"即被显示的窗体的名称，如果省略则表示显示当前的窗体。参数"模式"的取值可取 1（或 vbModal）、0（或 vbModaless）。当"模式"参数取 1 时表示窗体是"模态型"窗体。对于"模态型"窗体，鼠标只能在窗体内起作用，不能到其他窗体内操作，只有在关闭该窗体后才能对其他窗体进行操作；而对于"非模态型"窗体，允许在打开该窗体时操作其他窗体。当省略"模式"参数时，默认为 0，即窗体显示为"非模态型"窗体。

Show 方法兼有装入和显示窗体两种功能。也就是说，在执行 Show 方法时，如果窗体不在内存，则 Show 方法自动把窗体装入内存，然后再显示出来。

Show 方法功能是将窗体显示出来，同时把 Visible 属性设为 True。

4．Print 方法

Print 方法是 Visual Basic 中提供的一种常用的数据输出手段，该方法可以用于实现各种对象及其窗体的数据输出。

Print 方法的一般格式为：

```
[对象名.] Print [输出项][,| ;]
```

（1）对象名

对象名可以是窗体，也可以是打印机、图片框或立即窗口等其他的对象。例如：

```
Form1.Print "JiLin Normal University"
Printer.Print "JiLin Normal University"
Picture1.Print  "JiLin Normal University"
Debug.Print "JiLin Normal University"
```

上述 Print 语句执行的结果将字符串分别输出到对象名为 Form1 的窗体上、对象名为 Printer 的打印机上、对象名为 Picture1 的图片框上和立即窗口中。

如果对象名称省略，则默认为当前窗体。例如：

```
Print  "JiLin Normal University"
```

输出内容显示在当前窗体上。

（2）输出项

① 输出项可以是数值型、字符串型、逻辑型、日期型的表达式。对表达式先计算后输出，其中值为正数时，正号符号位用一个空格表示。如果输出项省略则表明输出一个空行。

【例 2.3】 Print 方法的输出项可以是数值型、字符串型、逻辑型、日期型的表达式。

```
Private Sub Form_Click()
    Dim X As Integer, Y As Integer
    X=20:Y=50
    Print  X+Y
    Print
    Print "计算机学院"
End Sub
```

输出结果为：

```
70
'空一行
计算机学院
```

② 当输出多项时，各输出项之间可用逗号、分号或空格分隔。如果用逗号分隔，则表明按分区输出格式显示输出项，即以 14 个字符为单位划分出若干个区段，逗号后面的输出项在下一个区段输出。如果用分号或空格分隔，则按紧凑格式输出（数值型紧凑格式输出时，要在数字末尾自动输出一个空格）。例如：

【例 2.4】Print 方法的各输出项之间可用逗号、分号或空格分隔。

```
Private Sub Form_Click()
    Dim a As Integer,b As Integer,c As Integer
    a = 10: b = 20: c = 30
    Debug.Print a, b, c, "Jlnu", "Computer"
    Debug.Print a; b; c; "Jlnu"; "Computer"
End Sub
```

则立即窗口中的输出结果为：

```
10          20          30          Jlnu          Computer
10  20  30 JlnuComputer
```

③ 通常情况下，执行完 Print 方法后系统会自动换行。如果想将信息在同一行显示，则需要在输出项结束后加逗号或分号。如果使用逗号则在该行的下一区段显示信息，如果使用分号则紧跟在当前输出项之后输出。

【例 2.5】 Print 方法的各输出项结束后可加逗号或分号。

```
Private Sub Form_Click()
    Dim X As Integer,Y As Integer,A As Integer,B As Integer
    X=10:Y=20:A=30:B=40
    Print "X + Y =",
    Print X+Y
    Print "A * B =";
    Print A*B
End Sub
```

输出结果为：

```
X + Y =            30
A * B = 1200
```

④ Print 方法没有赋值功能。例如：

【例 2.6】 Print 方法无赋值功能。

```
Private Sub Form_Click()
    Dim X As Integer,Y As Integer
    X=10:Y=20
    Print  Z=X+Y
End Sub
```

输出结果为：

```
False
```

由此可见，Print 方法不能将 X + Y 的值计算后赋给 Z，而是把其当作关系表达式。

5. Cls 方法

Cls 方法可以清除用 Print 方法显示的文本或在图片框显示的图形。其一般格式为：

```
[对象.]Cls
```

Cls 方法清除内容后，将光标移到对象的左上角（0，0）。对象可以是窗体或图片框，默认情况下为当前窗体。例如：

```
Picture1.Cls          '清除图片框的内容
Cls                   '清除当前窗体的内容
```

2.4.4　窗体的常用事件

事件是指能够识别并作出反应的外部刺激。对 Visual Basic 中的对象而言，引发事件的外部刺激可能来自使用者的鼠标、键盘操作或程序自身，也可能来自于操作系统。在 Visual Basic 中，每一类对象能支持什么事件是已经定义好的，并且每个事件都有事件名。某个对象支持一个事件，就说明它能识别这个事件，要让它对这个事件作出反应以及如何反应，就必须编写这个对象相应的事件过程。

事件过程是编程人员为对象的某个事件编写的有一定语法结构的程序段，指定事件发生时执行什么操作。事件过程是通过代码窗口输入的，是程序代码的重要组成部分。实际上，并不需要为每个对象的每个事件都编写事件过程。未编写事件过程的对象，对相应的事件没有反应。

窗体事件过程的语法结构为：

```
Private Sub Form_事件()      '过程的首部
    ……                       '过程体（实现指定功能的 Visual Basic 语句）
End Sub                       '过程的结束
```

上述语法结构中，Private、Sub、End 都是 Visual Basic 的关键字，属于固定搭配，不能改变。

过程体中可以有一条或多条语句，实现事件过程的功能。在对象的事件过程中，可以通过语句设置其自身的或其他对象的属性、执行自身或其他对象的方法、调用 Visual Basic 的各种语句和函数。

事件名后面的小括号 "()" 中用来放置过程的参数，窗体的 Click 单击事件过程没有参数，所以小括号中是空的，但小括号不能省略。如果过程体中没有语句，则为空过程，不起作用。

事件过程的第一条语句 "Private Sub Form_事件()" 称为过程的首部，在语法结构中起重要作用。不同事件过程的语法结构中只有首部不同，以后的叙述中将简化，只介绍首部。

应该注意的是，无论窗体的对象名是什么，它的事件过程首部中事件名前一定是 "Form"。

与窗体有关的事件较多，下面介绍常用的几个。

1. Click（单击）事件

Click 事件是鼠标单击事件，当用户单击窗体客户区（窗体去掉边框和标题栏的剩余无控件的部分）时引发。注意，单击的位置必须没有其他对象（控件），除运行时不可见控件，如 timer、image 等。如果单击窗体内的控件，则只能调用相应控件的 Click 事件过程，不能调用 Form_Click 过程。

2. DblClick（双击）事件

DblClick 是鼠标双击事件，当用户在窗体客户区双击鼠标时，触发这个事件。注意："双击"实际上触发两个事件，首先触发的是 Click 事件，然后才是 DblClick 事件。所以如果两个事件过程中都编写了程序代码，则会被依次执行。

【例 2.7】编写窗体的 Click 和 DblClick 事件过程

```
Private Sub Form_Click()
    Form1.Print "鼠标单击！"
End Sub
Private Sub Form_DblClick()
    Form1.Print "鼠标双击！"
End Sub
```

3. Load（装入）事件

格式：Load 窗体名称

"窗体名称"即要装入的窗体的名称，它是窗体的 Name 属性。该语句的功能是把一个窗体装入内存。执行 Load 语句后，有关该窗体的各种信息，如窗体属性、窗体模块代码等已被装入内存，因此可以在程序代码中引用该窗体的控件及各种属性，但此时窗体并没有显示出来。

不同于 Click 和 DblClick 等事件，窗体的 Load 事件不是由用户的操作引发的，而是由操作系统发送的。

Load 事件是把窗体加载到内存中准备显示时，引发的事件。由于此事件发生在所有因用户操作引发的事件之前，所以经常在 Load 事件中为模块级变量、全局级变量赋初值，对窗体与控件的属性进行初始化。

Form_Load 过程执行完之后，如果窗体模块中还存在其他事件过程，Visual Basic 将等待触发下一个事件过程。如果 Form_Load 事件过程内不存在任何语句，Visual Basic 将显示该窗体。

4. UnLoad（卸载）事件

格式：UnLoad 窗体名称

当从内存中清除一个窗体（关闭窗体或执行 UnLoad 语句）时，触发该事件，清除内存中指定的窗体。如果重新装入该窗体，则窗体中所有的控件都要重新初始化。

2.5　基　本　控　件

窗体和控件都是 Visual Basic 中的对象，它们是构建应用程序的基本组件。因为有了控件，才使得 Visual Basic 可以快速开发出应用程序。控件以图标的形式放在"工具箱"中，每种控件都有与之对应的图标。

Windows 窗口上真正提供输入、输出功能的部件是各类控件。每一类控件的功能有所不同，有的主要是用来进行输入操作，有的则是输出操作，也有的控件兼有输入和输出两方面的功能。要熟练地掌握这些控件对象的属性、方法和事件。这里介绍命令按钮、文本框和标签，其他内部控件将在以后的章节中讲解。

2.5.1　Visual Basic 的控件种类

（1）标准控件（也称为内部控件）

例如命令按钮、标签、文本框等。启动 Visual Basic 后，内部控件就出现在工具箱中。表 1-2 中列出了工具箱中的内部控件的图标、名称和作用。在以后的章节中，将陆续介绍如何使用这些控件设计应用程序。

（2）ActiveX 控件

早期版本中称为对象链接与嵌入（OLE）控件或定制控件，存在于扩展名为.ocx 的文件中。其中包括各种版本 Visual Basic 提供的控件和仅在专业版和企业版中提供的控件，另外还包括第三方提供的 ActiveX 控件。ActiveX 控件种类繁多，是标准控件的扩充，Visual Basic 启动后不会自动添加到工具栏中。如果想使用这些 ActiveX 控件，可选择"工程"→"部件"命令，弹出"部件"对话框，在"控件"选项卡中选中想要的控件，该控件就出现在工具栏中。

（3）可插入对象

这些对象也能添加到工具箱中，可把它们当作控件使用。其中一些对象支持 OLE，使用这类控件可在 Visual Basic 应用程序中控制另一个应用程序的对象。选择"工程"→"部件"命令，弹出"部件"对话框，在"可插入对象"选项卡中选中想要的控件，该控件就出现在工具栏中。

2.5.2　控件的命名和控件值

1．控件的命名

每个窗体和控件都有一个名字，这个名字就是窗体或控件的 Name（即"（名称）"）属性值。在一般情况下，窗体和控件都有默认值，如 Form1、Command1、Text1 等。为了提高程序的可读性，最好用有一定意义的名字给对象命名，使人从对象的名字上就可以看出对象的类型、对象的大致用途。

微软公司建议（不是规定）用 3 个小写字母作为对象的 Name 属性的前缀。例如，窗体（Form）的建议前缀是 frm，如果某个窗体在应用程序中是启动窗体，可以为其命名为 frmStart。表 1-2 中列出了内部控件建议使用的前缀。

2．控件属性值

在一般情况下，通过"控件名.属性名"的格式来设置一个控件的属性值。例如：

```
cmdOk.Caption="确定"
```

为了方便使用，Visual Basic 为每个控件规定了一个默认属性，如表 1-2 所示。在设置这样的默认属性时，不必给出属性名，通常把该属性称为控件值。控件值是一个控件的最重要或最常用的属性。例如，文本框的控件值是 Text，在设置文本框 Text1 的 Text 属性时，可以写成：

```
Text1="This is a TextBox"
```

使用控件值会影响程序的可读性，建议在不引起阅读困难时才考虑使用控件值。本书的示例中没有使用控件值，而是显式引用控件的属性。

2.5.3 标签

标签（Label）一般是固定在窗口中的某个位置，专门用来输出信息的，经常用来对其他没有标题的控件（如文本框、列表框、组合框等）进行说明，也可用来显示一些程序运行过程中的提示信息。它所显示的信息只能通过设置和修改属性（Caption）来实现，修改属性可以通过属性窗口也可以通过程序代码完成，但不能由用户直接编辑。

1．标签的常用属性

标签的部分属性与窗体及其他控件相同，其中包括：字体的相关属性（FontName、FontSize、FontItalic、FontBold、FontUnderline），描述控件位置的属性（Left、Top、Height、Width），BackColor 和 ForeColor 以及 Visible 和 Enabled 属性。标签的其他常用属性如表 2-2 所示。在应用程序设计过程中，标签主要用来显示文本信息，所以 Caption 属性最为常用。

表 2-2　标签的属性

属　性	含　义
Name	标签的名称。默认为 Label1，Label2，Label3，…
Caption	指定标签中显示的文字。默认内容为 Label1，Label2，Label3，…
	可以使用 "&" 来定义快捷键。标签本身并不能拥有输入焦点。当用户按快捷键时，会把焦点传递给 Tab 次序中下一个可拥有焦点的控件
Alignment	设置标签内文字对齐方式。取值为 0 文字左对齐（默认），取值为 1 文字右对齐，取值为 2 文字居中对齐
AutoSize	自动调整大小。取值为 True，可根据文字多少自动调整标签的大小；取值为 False（默认），则标签将保持设计时的大小
BorderStyle	设置标签的边框。取值为 0，标签无边框（默认）；取值为 1，标签加边框显示
BackStyle	取值为 0，透明（不使用背景色）；取值为 1（默认），不透明（使用背景色）

2．标签的常用方法

标签的 Move 方法与窗体的 Move 方法作用相似，都是移动和缩放对象。不同之处在于标签的移动是以窗体坐标系为基础的。

3．标签的常用事件

标签也可以触发 Click、DblClick、Change 等事件，因为用到不多，在此不作介绍。

【例 2.8】设计浮雕效果图。

本例说明标签控件的使用方法。通过移动两个不同颜色标签在窗体上出现的位置，使其基本重叠，形成浮雕效果，运行界面如图 2-17 所示。

图 2-17　浮雕效果图

分析：首先在窗体上绘制两个标签，修改标签的相关属性实现浮雕效果。修改标签的属性有两种方法，一种是在设计状态下直接改变两个标签的属性，另一种是用编程实现。在这里介绍编程方法，程序代码如下：

```
Private Sub Form_Click()
    Me.Caption="浮雕效果"
    Me.Label1.Caption="VB 训练"
    Me.Label1.AutoSize=True
    Me.Label1.FontSize=60
    Me.Label1.FontBold=True          '黑体
    Me.Label1.ForeColor=vbWhite      '白色
    Me.Label1.BorderStyle=1          '凹陷式
    Me.Label1.Left=300
    Me.Label1.Top=300
    Me.Label2.Caption="VB 训练"
    Me.Label2.AutoSize=True
    Me.Label2.FontSize=60
    Me.Label2.FontBold=True
    Me.Label2.ForeColor=vbBlack      '黑色
    Me.Label2.BackStyle=0            '透明
    Me.Label2.Left=370
    Me.Label2.Top=370
End Sub
```

2.5.4　文本框

文本框（TextBox）是 Windows 窗口中进行输入/输出操作的重要控件，通常在程序中提供文本的输入或显示程序的运行结果。文本框本身具备常用的编辑功能，如显示闪烁的插入点光标，支持键盘输入、插入、删除、复制、粘贴等各种操作，不支持使用鼠标拖动来选择其中部分内容。

1．文本框的常用属性

在标签控件中用到的属性，例如：字体属性、位置属性以及 Alignment、Visible、Enabled、BorderStyle、ForeColor 和 BackColor 等属性同样适用于文本框。除此之外，文本框还有一些其他常用属性，如表 2-3 所示。

表 2-3　文本框的属性

属　　性	含　　义
Name	文本框的名称。默认为 Text1，Text2，Text3，…
Text	设置文本框显示的内容

续表

属　性	含　义
MaxLength	设置允许在文本框中输入的最大字符数。默认取值为 0，表明输入的字符最多不能超过 32K
MultiLine	设置是否允许输入多行文本。取值为 True，可以输入多行文本；取值为 False（默认），只能输入单行文本
PasswordChar	用于口令输入。默认状态下，该属性被设置为空字符串，这时输入文本框的内容可按原样显示。如果将该属性设置为一个字符，则在文本框中输入内容时，显示的将是设置的字符，但实际输入的内容不变。只有当 MultiLine 属性为 False 时才有效，并且不能为其指定汉字
ScrollBars	设置文本框中是否有滚动条。取值为 0，没有滚动条；取值为 1，只有水平滚动条；取值为 2，只有垂直滚动条；取值为 3，同时具有水平和垂直滚动条。该属性在设置滚动条时，要配合 MultiLine 属性使用，应将 MultiLine 设置为 True
SelLength	当前选中的字符数。取值为 0，表明未选中任何字符。该属性及 SelStart、SelText 只能在运行期间设置
SelStart	设置当前选中文本的起始位置
SelText	当前所选中的文本字符串。若没有选中文本，则包含一个空串
Locked	设置文本框在运行状态下能否被用户编辑。取值为 False（默认），可以被编辑；取值为 True，不能被编辑，但可以滚动和选择文本

2．文本框的常用方法

（1）Move 方法

文本框的 Move 方法与命令按钮的 Move 方法在语法和功能上相同。

（2）SetFocus 方法

SetFocus 方法可以把输入光标（焦点）移到指定的文本框中。其格式为：

```
［对象名.］SetFocus
```

【例 2.9】程序运行后，随着用户的输入，标签中同步显示出用户对文本框更新的次数。运行效果如图 2-18 所示。

图 2-18　例 2.9 运行效果图

① 界面设计。在窗体上建立一个文本框、一个标签，设置各对象属性，如表 2-4 所示。

表 2-4　例 2.9 对象的属性设置

对　象	属　性	设　置
Form1	Caption	文本框应用示例
Text1	Text	空
	Multiline	True

续表

对　象	属　性	设　置
Label1	Caption	空
	Borderstyle	1
	Alignment	2
	Font	字体大小取二号

② 编写事件过程如下

```
Private Sub Text1_Change()
    Static i%
    i=i+1
    Label1.Caption=i
End Sub
```

请思考：标签中显示的数字是文本框中的显示的字符的个数吗？

3．文本框的常用事件

文本框支持 Click、DblClick、Change、GotFocus 和 LostFocus 事件。

① Click 和 DblClick 事件。Click 和 DblClick 是当用户单击或双击文本框时发生的事件。

因为文本框的主要功能是输入或输出文本，这两个功能不使用事件过程就可以完成，所以一般不必编写文本框的 Click 和 DblClick 事件过程。

② Change 事件。文本框的内容（即 Text 属性的值）发生改变（当用户向文本框中输入新信息，或在程序中把文本框的 Text 属性改变）时，将触发 Change 事件。

③ GotFocus 和 LostFocus 事件。当文本框获得焦点时，触发 GotFocus 事件；当文本框失去焦点时，触发 LostFocus 事件。

【例 2.10】 编写如下的事件过程：

```
Private Sub Text1_GotFocus()
    Text2.Text="Text1 得到焦点"
End Sub
Private Sub Text1_LostFocus()
    Text2.Text="Text1 失去焦点"
End Sub
```

当程序运行时，光标停在 Text1 文本框将触发 GotFocus 事件，当光标离开 Text1 文本框将触发 LostFocus 事件。运行结果如图 2-19 所示。需要注意的是只有一个文本框被激活并且其可见性（Visible）为 True 时，才能获得焦点。

图 2-19　例 2.10 运行结果图

2.5.5　命令按钮

命令按钮（Command）是 Visual Basic 应用程序设计中常用的标准控件，它为用户和应用程序之间交互提供了最简便的方法。

1．命令按钮的常用属性

前面介绍过的大多数属性同样适用于命令按钮控件。例如：字体属性、位置属性以及 Visible、Enabled 和 BackColor 等。需要注意的是，命令按钮的位置属性不是相对于屏幕而是相对于所在窗体的。除此之外它还有一些其他常用属性，如表 2-5 所示。

表 2-5　命令按钮的属性

属　　性	含　　义
Name	命令按钮的名称。默认为 Command1，Command2，Command3，…
Caption	命令按钮的标题。默认为 Command1，Command2，Command3，… 如果在值中有"&"字符，则"&"字符并不显示在按钮表面上，而是把紧接在它后面的字符定义为这个按钮的快捷键。快捷键是按钮上一个带下画线的字符
Cancel	该属性可设置的值是 Boolean。当取值为 True 时，则按钮对象为默认的"取消"按钮。不管焦点在哪个控件上，用户按【Esc】键，均触发按钮的 Click 事件。在一个窗体中，只允许一个命令按钮的 Cancel 属性被设置为 True
Default	该属性可设置的值是 Boolean。当取值为 True 时，则按钮对象为默认按钮。不管焦点在哪个控件上（接受回车操作的控件除外），用户按【Enter】键，均触发按钮的 Click 事件。在一个窗体中，只允许一个命令按钮的 Default 属性被设置为 True
Style	该属性设置或返回一个值，这个值用来指定按钮的显示类型。在运行期间，该属性是只读的。取值为 0（vbButtonStandard），按钮为标准样式显示，此为默认设置。取值为 1（vbButtonGraphical），按钮为图形样式显示
Picture	该属性可以为命令按钮指定一个图形。使用该属性时，应将 Style 属性设置为图形格式，否则无效
Value	通过代码赋 True 值，可以引发按钮对象的 Click 事件，相当于虚拟点击或软触发

2．命令按钮的常用方法

按钮的 Move 方法在窗体上移动和缩放按钮对象，参数的意义与窗体的 Move 方法相同。不同之处在于控件的移动是以窗体坐标系为基础的。

3．命令按钮的常用事件

最常用的按钮事件是 Click 单击事件，即当单击一个命令按钮时触发的事件。另外下列方法也能触发按钮的 Click 事件：

① 使用【Tab】键把输入焦点移动到该按钮上，然后按【Space】或【Enter】键。

② 按快捷键（Alt+下画线字符）。

③ 如果是"默认按钮"（Default 属性为 True），按【Enter】键。

④ 如果是"取消按钮"（Cancel 属性为 True），按【Esc】键。

⑤ 在程序中将按钮对象的 Value 属性赋 True 值。

命令按钮对象没有 DblClick 事件，不支持鼠标双击事件，双击会被分解为两次单击操作。

【例 2.11】在文本框中输入姓名和年龄，按"确定"按钮后将输入信息显示在标签中。

在窗体中放入 3 个标签、2 个文本框和 2 个命令按钮。属性设置如表 2-6 所示。

表 2-6　例 2.11 程序中使用的控件

控件	Name	Caption	Text	AutoSize	Cancel	Default
标签	Label1	姓名	无	True	无	无
标签	Label2	年龄	无	True	无	无
标签	Label3	空	无	True	无	无

续表

控件	Name	Caption	Text	AutoSize	Cancel	Default
文本框	Text1	无	空	无	无	无
文本框	Text2	无	空	无	无	无
命令按钮	Command1	确定	无	无	False	True
命令按钮	Command2	取消	无	无	True	False

编写事件过程如下：

① 编写 Form_Load 事件，对控件进行初始化设置。

```
Private Sub Form_Load()
    Text1.FontSize=10
    Text2.FontSize=10
    Label1.FontSize=10
    Label2.FontSize=10
    Label3.FontSize=12
    Command1.FontSize=10
    Command2.FontSize=10
End Sub
```

② 编写"确定"命令按钮事件。

```
Private Sub Command1_Click()
    Label3.Caption="你输入的姓名是"+Text1.Text+"年龄是"+Text2.Text
End Sub
```

③ 编写"取消"命令按钮事件。

```
Private Sub Command2_Click()
    End
End Sub
```

程序运行后，输入姓名和年龄，单击"确定"按钮或按【Enter】键，输入信息显示在窗体最下面的标签中。单击"取消"按钮或按【Esc】键，将关闭窗体。程序运行结果如图 2-20 所示。

【例 2.12】完成登录程序的设计，在图 2-21 中输入正确的账号和密码，单击"确认"按钮，进入欢迎界面，如图 2-22 所示。

图 2-20　例 2.11 运行结果

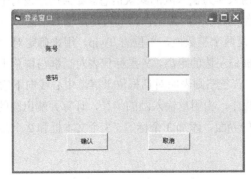

图 2-21　例 2.12 登录程序设计界面

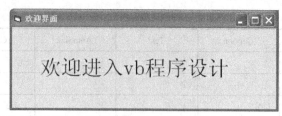

图 2-22　例 2.12 欢迎界面

编写事件过程如下：

① 单击"确认"进入下一页面：

```
Private Sub Command1_Click()
    If Text1.Text="张三" And Text2.Text="123" Then
    Form2.Show
    Form1.Hide
    End If
End Sub
```

② 单击"取消"退出程序

```
Private Sub Command2_Click()
    Unload Me
End Sub
```

2.6　输　入　框

我们知道，文本框可以接收用户的输入。输入框也可以接收用户的输入，但是其风格和用法有别于文本框。在 Visual Basic 中，可以通过 InputBox()函数产生一个输入框，通过该对话框提供的界面用户可以输入数据，并将输入的信息返回。

1. 函数的格式

InputBox (提示 [,标题] [,默认值] [,X 坐标,Y 坐标])

2. 函数的参数

① 提示：必选项，是一个长度不超过 1 024 个字符的字符串。该字符串显示在对话框内用来提示用户输入。

② 标题：是一个字符串，作为对话框的标题显示在标题区。

③ 默认值：字符串，用来作为输入区的默认信息。如果用户没有输入信息，该字符串作为默认输入值；如果该参数省略，则输入区为空白，等待用户输入信息。

④ X 坐标，Y 坐标：是两个整数值，单位为 Twip，用来确定对话框在屏幕中的显示位置。其中 X 坐标代表对话框与屏幕左边的距离，Y 坐标代表对话框与屏幕上边的距离。这组参数要么全部给出，要么全部省略。若省略则表明对话框位于屏幕中心线向下约 1/3 处。

【例 2.13】设计一个程序，由用户输入圆的半径，计算并输出圆的周长和面积。

首先设计图 2-23 所示的界面，添加 3 个标签、3 个文本框和 2 个命令按钮，然后设置属性，如表 2-7 所示。

图 2-23　例 2.13 程序运行结果

表 2-7　程序中使用的控件及属性

控件	Name	Caption	Text
标签	Label1	圆半径	无
标签	Label2	圆周长	无
标签	Label3	圆面积	无
文本框	txtBj	无	空
文本框	txtZc	无	空
文本框	txtMj	无	空
命令按钮	Command1	计算	无
命令按钮	Command2	退出	无

编写事件过程如下：

① 添加"计算"按钮的单击事件如下：

```
Private Sub Command1_Click()
    Dim r!, l!, s!
    r=InputBox("请输入圆的半径: ")
    l=2*3.14159*r
    s=3.14159*r^2
    txtBj.Text=r
    txtZc.Text=l
    txtMj.Text=s
End Sub
```

程序运行后，单击窗体，则弹出图 2-24 所示对话框。

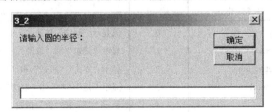

图 2-24　输入圆半径对话框

② 添加"退出"按钮的单击事件如下：

```
Private Sub Command2_Click()
    End
End Sub
```

3. 说明

① 在对话框内显示提示信息（PROMPT）时，系统可以自动实现换行。如果要按自己的要求换行，则需要插入回车换行操作，如例 2.3 所示。

② 在默认情况下，InputBox()函数的返回值是一个字符串。当输入非字符串类型信息时，需要进行类型转换或对返回值的类型事先声明。

③ 如果单击"确定"按钮或按【Enter】键，表明对输入进行确认，返回输入的数据；如果单击"取消"按钮或按【Esc】键，表明取消输入，返回一个空字符串。

④ 每次执行 InputBox()函数只能输入一个值，如果需要输入多个数据，则需要多次调用 InputBox()函数。

⑤ InputBox()函数在形式上也可以写成 InputBox$()，这两种形式是等价的。

⑥ 各项参数必须一一对应，除了"提示"不能省略外，其余各项均可省略，但省略部分也要用逗号占位符跳过。

2.7 消 息 框

在应用程序运行过程中，常常要向用户传递信息，并且让用户根据需要作出应答，让程序继续运行。在 Visual Basic 中提供了 MsgBox()函数来实现消息对话框的显示，让用户进行响应。下面将对 MsgBox()函数进行介绍。

1. MsgBox()函数的格式

```
MsgBox（提示[,按钮数值][,标题]）
```

2. 函数的参数

在 MsgBox()函数的 5 个参数中，除 MESSAGE 参数必需外，其余参数均可省略。HELPFILE，CONTEXT 参数同 InputBox()函数中的相应参数含义是一样的。

① 提示：是一个长度不超过 1 024 个字符的字符串。该字符串将显示在 MsgBox()函数产生的对话框内，作为传递给用户的信息。

② 按钮数值：是一个符号常量或整数值，用来控制 MsgBox()函数产生的对话框内显示的图标和按钮的种类及数量。该参数常用的取值如表 2-8 所示。

表 2-8 按钮数值常见取值

类 型	符 号 常 量	数 值	功 能
按钮的类型（确定、取消、终止、重试、忽略、是、否）和数量	vbOKOnly	0	只显示"确定"按钮
	vbOKCancel	1	显示"确定"和"取消"按钮
	vbAbortRetryIgnore	2	显示"终止""重试"和"忽略"按钮
	vbYesNoCancel	3	显示"是""否"和"取消"按钮
	vbYesNo	4	显示"是"和"否"按钮
	vbRetryCancel	5	显示"重试"和"取消"按钮

类　型	符　号　常　量	数　值	功　　能
图标类型（暂停、疑问、警告、忽略）	vbCritical	16	显示暂停图标 "x"
	vbQuestion	32	显示疑问图标 "?"
	vbExclamation	48	显示警告图标 "!"
	vbInformation	64	显示忽略图标 "i"
默认活动按钮	vbDefaultButton1	0	第一个按钮是默认值
	vbDefaultButton2	256	第二个按钮是默认值
	vbDefaultButton3	512	第三个按钮是默认值
	vbDefaultButton4	768	第四个按钮是默认值
强制返回	vbApplicationModal	0	应用程序强制返回
	vbSystemModal	4096	系统强制返回

该参数的值由表 2-8 中 4 种类型的数值相加产生，但在程序设计中通常只用前三类数值。例如：

36=4+32+0　　显示 "是" 和 "否" 按钮；

显示疑问图标（?）；

默认按钮为 "是"。

51=3+48+0　　显示 "是"、"否" 和 "取消" 按钮；

显示警告图标（!）；

默认按钮为 "是"。

该参数除了可用数值表示外，还可以用符号常量表示，以提高程序的可读性。如果 TYPE 参数省略，则对话框内只显示一个 "确定" 按钮，并把该按钮置为活动按钮，不显示任何图标。

③ 标题：字符串，作为对话框的标题。如果该参数省略，则将工程的名称置为对话框的标题；如果不想显示标题，则应将该参数置为空串。

3．函数的返回值

MsgBox()函数的返回值是一个整数，该整数与所选择的按钮有关。MsgBox()函数产生的对话框共有 7 种按钮，返回值为 1～7 之间的整数，分别与 7 个按钮相对应。

① 若返回值为 1 或符号常量 vbOK，则表明用户选择了 "确定" 按钮。

② 若返回值为 2 或符号常量 vbCancel，则表明用户选择了 "取消" 按钮。

③ 若返回值为 3 或符号常量 vbAbort，则表明用户选择了 "终止" 按钮。

④ 若返回值为 4 或符号常量 vbRetry，则表明用户选择了 "重试" 按钮。

⑤ 若返回值为 5 或符号常量 vbIgnore，则表明用户选择了 "忽略" 按钮。

⑥ 若返回值为 6 或符号常量 vbYes，则表明用户选择了 "是" 按钮。

⑦ 若返回值为 7 或符号常量 vbNo，则表明用户选择了 "否" 按钮。

4．应用举例

【例 2.14】 编写程序，用 MsgBox()函数完成图 2-25 所示的对话框设计。

由图示对话框可知，MsgBox()函数的参数值分别为：

提示: "请确认该信息是否正确";

按钮数值: 19 = 3 + 16 + 0;

标题: "信息确认"。

图 2-25 MsgBox()函数实现的对话框

编写事件过程如下:

```
Private Sub Form_Click()
    Dim m As String, t As String, n As Integer
    m = "请确认该信息是否正确"
    t = "信息确认"
    n = MsgBox(m, 19, t)
    Print n
End Sub
```

程序运行后, 单击窗体, 将出现图 2-25 所示的对话框。

5. 说明

① 信息框内标有虚线框的按钮是当前活动按钮, 单击活动按钮或按【Enter】键, 均可完成相应的选择操作。单击 "是" 按钮或按【Enter】键则表示确定, 在窗体上输出返回值 6。

② 在应用程序运行过程中, MsgBox 函数的返回值通常用来作为继续执行程序的依据, 根据该返回值决定其后的操作。

③ 由 MsgBox()函数产生的对话框属于 "模态窗口"(Modal Window)。所谓 "模态窗口" 是指在应用程序运行过程中出现该对话框时, 要求用户必须做出选择, 否则不能执行任何其他操作。

④ MsgBox()函数也可以写成语句的形式, 即 MsgBox 语句。MsgBox 语句和 MsgBox()函数的功能完全相同, 差别仅在于 MsgBox 语句没有返回值, 形式简洁, 常用于比较简单的信息显示。

【例 2.15】 用 MsgBox 语句设计一个对话框。

编写事件过程如下:

```
Private Sub Form_Click()
    Dim msg As String
    Dim typ As String
    Dim t As String
    msg = "是否保存该数据"
    typ = vbInformation + vbYesNo
    t = "数据保存对话框"
    MsgBox msg, typ, t
End Sub
```

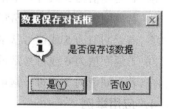

图 2-26 MsgBox 语句实现的对话框

程序运行结果如图 2-26 所示。

习　题　2

一、选择题

1. 在设计应用程序时，通过（　　　）窗口可以查看到应用程序工程中的所有组成部分。

    A. 代码窗口   B. 窗体设计窗口

    C. 属性窗口   D. 工程资源管理器窗口

2. 当输入代码时，Visual Basic 可以自动检测（　　　）。

    A. 语法错误   B. 编译错误   C. 运行错误   D. 逻辑错误

3. 在一行内写多条语句时，语句之间要用某个符号分隔。这个符号是（　　　）。

    A. ,   B. ;   C. 、   D. :

4. 为了保存一个 VB 应用程序，下列叙述中正确的是（　　　）。

    A. 只保存窗体文件（.frm）   B. 只保存工程文件（.vbp）

    C. 分别保存工程文件和窗体文件   D. 分别保存工程文件和标准模块文件（.bas）

5. 下列哪项是窗体对象的方法而不是属性（　　　）。

    A. Name   B. Print   C. Caption   D. Enabled

6. 同时改变一个活动控件的高度和宽度，正确的操作是（　　　）。

    A. 拖动控件 4 个角上的某个小方块   B. 只能拖动位于控件右下角的小方块

    C. 只能拖动位于控件左下角的小方块   D. 不能同时改变控件的高度和宽度

7. 为了取消窗体的最大化功能，需要把它的一个属性设置为 False，这个属性是（　　　）。

    A. ControlBox   B. MinButton   C. Enabled   D. MaxButton

8. 如果希望一个窗体在显示的时候没有边框，应该设置的属性（　　　）。

    A. 将窗体的标题（Caption）设成空字符   B. 将窗体的 Enabled 属性置成 False

    C. 将窗体的 BorderStyle 属性置成 None   D. 将窗体的 ControlBox 置成 False

9. 要把一个命令按钮设置成无效，应设置属性（　　　）的值为 False。

    A. Visible   B. Enabled   C. Default   D. Cancel

10. 当运行程序时，系统自动执行启动窗体的（　　　）事件过程。

    A. Load   B. Click   C. Unload   D. GotFocus

二、填空题

1. 当对象得到焦点时，会触发＿＿＿＿＿事件；当对象失去焦点时，将触发＿＿＿＿＿事件。

2. 假定一个文本框的 Name 属性为 Text1，为了在该文本框中显示 "Hello"，所使用的语句为＿＿＿＿＿。

3. 一个控件在窗体上的位置由 Top 和 Left 属性决定，其大小由＿＿＿＿＿和＿＿＿＿＿属性决定。

4. 为了选择多个控件，可以按住＿＿＿＿＿键，然后单击每个控件。

5. 控件和窗体的 Name 属性只能通过＿＿＿＿＿设置，不能在＿＿＿＿＿期间设置。

第 3 章 Visual Basic 语言基础

Visual Basic 是在 BASIC 语言的基础上发展起来的，它保留了原来 BASIC 版本中的数据类型和语法，对其中的某些语句和函数的功能作了修改或扩展，并根据语言的可视化要求增加了一些新的操作。在本章中，我们将学习构成 Visual Basic 应用程序的基本元素，包括数据类型、常量、变量、内部函数和表达式等内容。

3.1　基本数据类型

数据是程序的必要组成部分，也是程序处理的对象。从一个程序的处理流程方面看，程序的执行过程无非是对一些原始数据，经过一系列的加工处理和运算，最后产生出计算的结果。因此，在程序运行过程中，程序代码决定了对数据处理的流程，而程序加工和处理的对象则是数据。数据是各种各样的，不同类型的数据，在计算机内存中存储时所占的存储空间大小是不一样的，同时，不同的数据类型，对其处理的方法也不同，因此，Visual Basic 规定了多种数据类型，以便用户根据需要进行选择，所以用户应对在程序中所使用的各种数据进行定义和说明。只有类型相同的数据间才能进行操作，否则就会出现错误。

Visual Basic 的数据类型可分为下面 3 种：

（1）基本数据类型

基本数据类型主要包括下面几种：

① 数值型：包括整型、长整型、单精度浮点型、双精度浮点型、货币型和字节型。

② 字符串型：包括定长字符串和不定长字符串。

③ 布尔型。

④ 日期型。

⑤ 对象类型。

⑥ 变体类型。

（2）用户自定义数据类型

（3）枚举类型

本节主要介绍基本数据类型。

3.1.1　数值型

Visual Basic 有 6 种数值型的数据：整型、长整型、单精度型、双精度型、货币型和字节型。

1．整型数

整型数是不带小数点和指数的数，在机器内部以二进制补码形式表示。

① 整数（Integer），整数以 2 个字节（16 位）的二进制码表示和参加运算，即存储 1 个整数需要占用 2 个字节内存。其取值范围为-32 768 ～ +32 767（-2^{15} ～$2^{15}-1$）。

② 长整数（Long），长整数以带符号的 4 个字节（32 位）二进制数来存储，其取值范围为：
-2 147 483 648 ～ +2 147 483 647（-2^{31}～$2^{31}-1$）。

2．浮点型数

浮点数又称实型数或实数，是带有小数部分的数。它由 3 部分组成：符号、指数及尾数。单精度浮点数和双精度浮点数的指数分别用"E"（或"e"）和"D"（或"d"）来表示。例如：

```
123.45E3 或 123.45e+3          单精度数，相当于 123.45 乘以 10 的 3 次幂
123.45678D3 或 123.45678d+3    双精度数，相当于 123.45678 乘以 10 的 3 次幂
```

在上面的例子中，123.45 或 123.456 78 是尾数部分，e+3（也可写作 E3 或 e3）和 d+3（也可写作 D3 或 d3）是指数部分。

① 单精度浮点数（Single）：以 4 个字节（32 位）存储，其中符号位占 1 位，指数占 8 位，其余 23 位表示尾数。单精度数浮点数可以精确到 7 位十进制数，其负数的取值范围是-3.402 823E+38 ～ -1.401 298E+45，正数的取值范围为+1.401 298E-45～ +3.402 823E+38。

② 双精度浮点数（Double）：用 8 个字节（64 位）存储，其中符号位占 1 位，指数占 11 位，其余的 52 位用来表示尾数。双精度数可以精确到 15 或 16 位十进制数。

负数的范围为：-1.797 693 134 862 316D+ 308～-4.940 65D+324；

正数的范围为：+4.940 65D-324～+1.797 693 134 862 316D+ 308。

3．货币型（Currency）

货币数据类型是为表示钱款而设置的。该类型数据以 8 个字节（64 位）存储，精确到小数点后 4 位（小数点前有 15 位数字），在小数点后 4 位以后的数字将被舍去。

取值范围：-922 337 203 685 477.580 8 ～ 922 337 203 685 477.580 7。

浮点数中的小数点是"浮动"的，即小数点可以出现在数的任何位置，而货币类型数据的小数点是固定的，因此也称货币数据类型为定点数据类型。

4．字节型（Byte）

字节也是一种数值类型，以 1 个字节（8 位）的无符号二进制数存储，其取值范围为 0～255。

3.1.2　字符型（String）

字符型数据是一个字符序列。字符数据类型是专门用来存放文字信息的。Visual Basic 中的字符串分为两种，即变长字符串和定长字符串。其中变长字符串的长度是不确定的，可以有 0～2^{31}（约 21 亿）个字符。而定长字符串含有确定个数的字符，最大长度不超过 2^{16}（65536）个字符。

3.1.3　布尔型（Boolean）

Boolean（逻辑、布尔）类型的数据是一个逻辑值，用两个字节存储，它只取两种值，即 True（真）或 False（假），用来表示"是"与"否""开"与"关""对"与"错"这类只有两种取值的情况。

当把数值型数据转换成 Boolean 型时，0 会转换为 False，其他非 0 值转换为 True。当把 Boolean 值转换为数值型时，False 转换为 0，True 转换成-1。

3.1.4 日期时间型（Date）

Date 类型又称为日期型，这种类型的数据可以存放日期信息、时间信息或者同时存放日期与时间信息。Date 类型数据用 8 个字节来表示日期和时间，可以表示的日期范围从公元 100 年 1 月 1 日到 9999 年 12 月 31 日，而时间可以从 0：00：00 至 23：59：59。任何可辨认的文本日期都可以赋值给日期变量。

3.1.5 对象型（Object）

对象型数据用 4 个字节存储。对象型变量保存的是某个对象的引用，程序通过对象变量可以间接地对它所引用的对象进行操作。可以用 Set 语句指定一个被声明为 Object 的变量去引用应用程序所识别的任何实际对象。

3.1.6 变体型（Variant）

变体数据类型是一种特殊的数据类型，该类型的变量可以存储几乎所有系统定义类型的数据，为其赋不同类型的值，就会变成相应的类型。占 16 个字节的内存。

变体类型占用内存较大，运算速度很慢，如果使用常规类型能够解决问题，不应使用此类型。在程序中不特别说明时，VB 会自动将变量默认为 Variant 型变量。

3.2 常　　量

前面介绍了 Visual Basic 中使用的数据类型。在程序中，不同类型的数据既可以以常量的形式出现，也可以以变量的形式出现。常量是指在整个应用程序运行期间其值不会发生变化的量，而变量的值是可变的，它代表内存中指定的存储单元。

Visual Basic 中的常量分为两种，一种是文字常量，一种是符号常量。

3.2.1 文字常量

文字常量分为 4 种，数值型常量、字符串型常量、布尔型常量、日期时间型常量。

1. 数值型常量

（1）字节型、整型、长整型常量

字节型、整型、长整型常量有 3 种形式，即十进制、十六进制、八进制。

十进制整型数：由一个或几个十进制数字（0～9）组成，可以带有正负号。例如：624、-36、+256 等。

十六进制整型数：由一个或几个十六进制数字（0～9 及 a～f 或 A～F）组成，前面冠以&H（或&h）。例如：&H76、&H2F8 等。

八进制整型数：由一个或几个八进制数字（0～7）组成，前面冠以&O（大写字母 O，不是数字 0）或仅以&开头。例如：&O347、&O1235 等。

可以在整型常量后面加"％"或"＆"来指明该常量是整型还是长整型常量。否则，Visual Basic 会根据数值大小自动识别，将选择需要内存容量最小的表示方法。

（2）浮点型常量（单精度和双精度浮点型常量）

① 日常记法：如果整数部分或小数部分为 0，则可以省略这一部分，但要保留小数点。例如：3.14159、0.23、24.、-.5

② 指数记法：用 mEn 来表示 $m \times 10^n$，其中 m 是一个整型常量或浮点型常量，n 必须是整型常量，m 和 n 均不能省略。例如：1E2 表示 1×10^2

浮点型常量中的"E"可写成小写"e"，也可以用"D"或"d"代替。

可以在浮点常量后面加"！"或"＃"来指明该常量是单精度浮点型还是双精度浮点型常量。否则，Visual Basic 会根据数值大小自动识别，将选择需要内存容量最小的表示方法。

2．字符串型常量

字符串常量必须使用英文的双引号""" 将实际的字符括起来。双引号称为字符串常量的定界符，表示字符串的开始与结束。例如：

```
"Hello"
```

字符串常量中可以包括任何可输入的字符，如英文字母和英文符号、数字、中文标点符号和汉字等。空格也是合法的字符。如果两个双引号之间没有任何字符，则表示一个空字符串。例如：

```
"Visual Basic 程序"
""              '这是一个空字符串
"￥25.00"
```

注意： 双引号是字符串常量的定界符，不是字符串的一部分。

3．布尔型常量

布尔型常量只有两个值：True 和 False。注意，它们没有任何定界符。"True"和"False"不是布尔型常量，而是字符串型常量。

4．日期时间型常量

日期时间型常量使用"＃"作为定界符。日期时间型常量既可以表示一个日期，也可以表示一个时间，还可以同时表示日期和时间。一般可辨认的日期时间文本都可以作为日期时间型常量。例如，#1/2/2010#、#2010-1-2#、#Jan 2，2010#、#January 2，2010#，都表示同一个日期："2010年 1 月 2 日"。

下面是一些表示时间的常量：

#12：00：00 PM#（中午 12 点）、#12：00：00 AM#（午夜 12 点）、#2：15：30#

下面是一些表示日期时间的常量：

#1/2/2010 8：00：00 AM#、#1/2/2010 2：15：30 PM#

在代码窗口中输入日期时间型常量时，Visual Basic 会自动转换为内部统一格式。日期值输入格式为"mm-dd-yyyy"，时间值输入格式采用 12 小时制（上午为 AM，下午为 PM）；日期值的输出格式为 Windows 控制面板的"区域设置"中设置的短日期格式，时间值输出格式也由 Windows 控制面板的"区域设置"中设置的时间格式决定。

说明：为了显式地指明常数类型，可以在常数后面加上类型说明符，这些说明符分别为：

%　整型

&　长整型

!　单精度浮点数

#　双精度浮点数

@　货币型

$ 字符串型

字节、布尔、日期时间、对象及变体类型没有类型说明符。

3.2.2　符号常量

在应用程序的代码编辑中，常会遇到一些反复出现的数值，这些数值在程序执行过程中保持不变，为了便于记忆并改进代码的可读性，减少不必要的重复工作，可以用一些具有一定意义的名字来代替这些不变的数值或字符串。比如数学计算常用的 3.14159…如果在程序中反复输入这个数值，不仅非常麻烦，而且极易出错。所以通常先定义一个常量 Pi，用它来代替 3.14159…在接下来的程序中就可以简单地采用 Pi 这个常量了。

符号常量属于某一数据类型并有名称，先定义后使用。定义时必须指定符号常量的值，在运行过程中它的值不能被改变（即不能被赋值）。

符号常量有作用域（指该符号常量生效的范围，也就是该符号常量使用的范围），由定义时使用的语句和位置决定。

1．符号常量的定义

（1）过程级常量

在过程中定义，只能在该过程中使用。语法格式为：

```
Const 常量名[As 数据类型名]=表达式[,常量名[As 数据类型名]=表达式]……
```

其中，"常量名"是一个名字，按变量的规则命名（见 3.3.1 节），一般可为常量名加上"con"前缀，或使用大写字母以示区别，可加类型说明符；"表达式"往往是数值型、字符串型、布尔型、日期时间型常量，但也可以是不使用变量及函数且其结果为数值型、字符串型、布尔型、日期时间型的表达式，甚至可用先前定义过的常数定义新常量；如果省略"As 数据类型名"部分，则定义的是变体类型的常量。例如：

```
Const Pi = 3.14159
```

（2）模块级常量

在模块的通用声明段中定义，可在本模块的所有过程中使用。语法格式为：

```
[Private] Const 常量名 [As 数据类型名] = 表达式 [,常量名 [As 数据类型名] =表达式]...
```

（3）全局（程序）级常量

在标准模块的通用声明段中定义，程序所有模块的所有过程中均可使用。语法格式为：

```
Public Const 常量名[As 数据类型名]=表达式[,常量名[As 数据类型名]=表达式]...
```

2．符号常量的使用

在使用符号常量时，应注意以下几点：

① 使用时要注意作用域，不能越范围使用。

② 在声明符号常量时，省略"As 数据类型名"部分，可以在常量后面加上类型说明符。例如：

```
Const ONE&=1
Const TWO#=1
```

如果不使用类型说明符，且省略"As 数据类型名"部分，则根据表达式的求值结果确定常量类型。字符串表达式总是产生字符串常数；如果是数值表达式，按照占用字节最少的类型来表示这个常数。

③ 在程序中引用符号常量时，通常省略类型说明符。例如，可以通过名字 ONE 和 TWO 引用上面声明的符号常量。

④ 类型说明符不是符号常量的一部分，定义符号常量后，在定义变量时要慎重。例如：假定声明了

```
Const Num=45
```

则 Num!、Num%、Num&、Num@ 不能再用作变量名或常量名。

⑤ 除了自定义的符号常量外，Visual Basic 中还有大量预定义的符号常量，由系统提供，一般以"vb"为前缀，如"vbOKOnly"等。这些预定义的符号常量可以直接使用。

3.3　变　　量

Visual Basic 用变量来存储数据值。每个变量都有一个名字和相应的数据类型，名字表示数据所在的内存位置，而数据类型则决定了该变量占用内存的大小、表示值的范围。

3.3.1　命名规则

在 Visual Basic 中，变量名、过程名、符号常量名、记录类型名、数组名等都称为名字，它们的命名都必须遵守下述规则：

① 名字以字母开头，后跟字母、数字和下画线。见名知义。不区分大小写，习惯上将名字组成单词的首字母大写，例如：PrintText。Hello、HELLO、hello 指的是同一个名字。

② 最后一个字符可以是类型说明符。

③ 名字最多可以有 255 个字符。

④ 不能与 Visual Basic 的关键字同名，但可以把关键字嵌入到名字中；同时，名字也不能是末尾带有类型说明符的关键字。例如：Print，Print$ 都不能作为名字，而 Print_Number 可以作为名字。

⑤ 在同一作用域中，变量名、过程名、符号常量名等应互不相同。

⑥ 为了增加程序的可读性，可在变量名前加一个缩写的前缀来表明该变量的数据类型。

例如：MyName、sum、x1 都是合法的名字，而 Integer、abc.ef、123 不是合法的名字。

3.3.2　变量的种类

Visual Basic 应用程序由 3 种模块组成，即窗体模块（Form）、标准模块（Module）和类模块（Class）。本书不介绍类模块，因为应用程序通常由窗体模块和标准模块组成。窗体模块包括事件过程（Event Procedure）、通用过程（General Procedure）和声明部分；而标准模块由通用过程和声明部分组成，如图 3-1 所示。

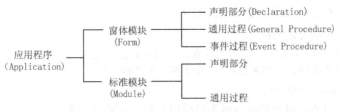

图 3-1　Visual Basic 应用程序的构成

根据变量的定义位置和所使用的变量定义语句的不同，Visual Basic 中的变量可以分为 3 类：局部（Local）变量、模块级（Module）变量及全局（Public）变量，其中模块级变量包括窗体模块变量和标准模块变量。

① 过程级变量，也称为局部变量，在过程中用 Dim 或 Static 关键字定义，作用域为定义它的过程。也就是说，它在哪个过程中定义的就只能在那个过程中使用。Visual Basic 允许在过程中的任何位置定义过程级变量，但要保证只有在定义之后才能使用该变量。

② 模块级变量，在模块顶部的通用声明段中用 Dim 或 Private 关键字定义，在该模块中的所有过程中可用。在程序启动时被创建，程序结束时被清除。

③ 程序级变量也称全局变量或公共变量，在模块顶部的"通用声明段"中使用 Public 关键字定义，在程序（即同一个工程中）的所有模块的所有过程中皆可用。全局变量在程序启动时创建，程序结束时被清除。

3 种变量的作用域如表 3-1 所示。

表 3-1 变量的作用域

名　　称	作用域	声明位置	使用语句
局部变量	过程	过程中	Dim 或 Static
模块变量	窗体模块或标准模块	模块的声明部分	Dim 或 Private
全局变量	整个应用程序	标准模块的声明部分	Public 或 Global

3.3.3　定义变量

在一些高级语言（如 C 语言）中，要求变量要"先定义后使用"。Visual Basic 不要求用户在使用变量之前必须声明，如果没有声明变量，Visual Basic 将其看作变体类型。但是，这样做一方面会浪费内存空间，另一方面容易造成由于变量名书写错误而导致程序运行结果的错误。所以，用户对程序中的变量最好都先声明，然后再使用。Visual Basic 提供了一个强制性规定变量"先定义后使用"的方法，通过语句 Option Explicit 实现。Option Explicit 语句可以手工加入模块，也可以让系统自动加入。选择"工具"→"选项"命令，弹出"选择"对话框，单击"编辑器"选项卡，选中"要求变量声明"复选框。这样就可以在任何新模块中自动插入 Option Explicit 语句。

定义变量就是为变量分配内存空间，也称声明变量。定义变量时需指定变量名、数据类型以及作用域。下面分别介绍 3 种作用域变量定义的方法。

1. 过程级变量定义方法

过程级变量，也称为局部变量，在过程中定义，作用域为定义它的过程。也就是说，它在哪个过程中定义的就只能在那个过程中使用。Visual Basic 允许在过程中的任何位置定义过程级变量，但要保证只有在定义之后才能使用该变量。

定义过程级变量的方法有两种：

① Dim 变量名[As 数据类型名][,变量名[As 数据类型名]......

② Static 变量名[As 数据类型名][,变量名[As 数据类型名]......

如：Dim a As Integer

其中，数据类型名可以是基本数据类型或用户自定义数据类型。

使用 Dim 关键字定义的局部变量只在定义它的过程执行时被创建，该过程结束就会消失。下一次执行该过程时，会重新创建该变量，重新初始化。

使用 Static 关键字定义的局部变量称为"静态变量"，它在程序启动时创建，但只能被定义它的过程所用，可以在这个过程的多次执行之间保持其值，直到整个程序结束才被清除。

【例 3.1】使用过程级变量。

创建工程，在窗体 Form1 上添加两个命令按钮 Command1 和 Command2。编写如下事件过程：

```
Private Sub Command1_Click()
   Static x As Integer
   x=x+2
   Print x                      '输出 x 值
End Sub
Private Sub Command2_Click()
   Dim x As Integer
   x=x+2
   Print x                      '输出 x 值
End Sub
```

程序中每执行一次 Command1_Click 事件过程，变量 x 的值在原来基础上加 2。当离开该过程后，虽然变量 x 的值无效，即不能使用，但变量的值还继续保留加 2 以后的结果。如果在程序中连续执行 Command1_Click 事件过程 3 次，则各次输出 x 值依次为 2，4，6。

在 Command2_Click 事件过程中变量 x 用 Dim 声明，则在程序中连续执行 Command2_Click 事件过程 3 次，则各次输出 x 值为 2，2，2。

2．模块级变量定义方法

在模块顶部的通用声明段中定义，在该模块中的所有过程中可用。在程序启动时被创建，程序结束时被清除。

定义模块级变量的方法有两种（两种方法等价）：

① Dim 变量名[As 类型名][,变量名[As 数据类型名]]……

② Private 变量名[As 类型名][,变量名[As 数据类型名]]……

如：Private S1 As String　　　　（定义变长字符串变量）

定义可变长度的 String 类型的变量，该变量能够存放的字符数随赋予的不同的新数据，它的长度可增可减。

```
Private S2 As String *4      （定义定长字符串变量）
```

一个定长字符串变量所占的内存空间是一定的，当其中的字符信息没达到这个长度时，所剩的空间用"空格"填充。如果给定长字符串变量赋一个超过其长度的字符串，会被截掉多余部分，不会出现"溢出"错误。

【例 3.2】使用同名的模块级变量和过程级变量。

```
Option Explicit
Dim i As Integer                '定义模块级变量
Private Sub Command1_Click()
   Static i As Integer          '定义过程级静态变量
   i = i + 1                    '使用过程级静态变量
   Command1.Caption = i
End Sub
Private Sub Command2_Click()
   Static i As Integer          '定义过程级静态变量
   i = i + 1                    '使用过程级静态变量
   Command2.Caption = i
End Sub
Private Sub Form_Click()
```

```
    i = i + 1                    '使用模块级变量
    Form1.Caption = i
End Sub
```

启动程序，连续多次单击窗体客户区和两个按钮，看看程序是如何执行的。

连续多次单击两个按钮控件，每个按钮上的数字都会以 1、2、3、……不断递增。连续单击窗体客户区，窗体标题上的数字也会以 1、2、3、……不断递增。这是因为，两个按钮控件的单击事件过程中分别定义了过程级静态变量 i，能够维持各自的递增；而窗体单击事件过程中没定义任何过程级变量，所以，它使用的是模块变量 i，每次单击窗体客户区，模块级变量 i 会递增，并显示到窗体的标题上。

【例 3.3】为模块级变量赋值。

```
Option Explicit
Dim i As Integer                '定义模块级变量
Private Sub Command1_Click()
    i = i + 1                    '使用模块级变量
    Command1.Caption = i
End Sub
Private Sub Command2_Click()
    i = i + 1                    '使用模块级变量
    Command2.Caption = i
End Sub
Private Sub Form_Click()
    i = i + 1                    '使用模块级变量
    Form1.Caption = i
End Sub
Private Sub Form_Load()
    i = 10                       '给模块级变量赋初值
End Sub
```

启动程序，连续多次单击窗体空白区和两个按钮，看看程序是如何执行的。

程序代码中有 4 个事件过程，都未定义过程级变量，所以它们使用的都是同一个模块级变量 i。程序启动时，由窗体的 Load 事件给变量 i 赋初值 10，以后每单击一次按钮控件或窗体空白区，都会给变量 i 加 1，由被单击的对象显示，显示的数值会相互攀升，而不是单独递增。

3．程序级变量定义方法

程序级变量也称全局变量或公共变量，在模块顶部的"通用声明段"中使用 Public 关键字定义，在程序（即同一个工程中）的所有模块的所有过程中皆可用。全局变量在程序启动时创建，程序结束时被清除。

```
Public 变量名 [As 类型名]
```

如：Public p As Boolean

注：不能在窗体模块中定义全局定长字符串变量。

4．变量定义小结

① 在实际应用中，应根据需要设置变量的类型。能用整型变量时就不要用浮点型或货币型变量；在计算浮点数时，如果所要求的精度不高，则应使用单精度变量。这样不仅可以节省内存空间，而且可以提高处理速度。

② 定义变量语句中的每个变量都要指明其数据类型，否则该变量被定义为变体类型。

例如：下面的语句定义 3 个变量，其中 a 和 b 是变体类型，c 是整型：

```
Dim a,b,c As Integer                          '不提倡使用的定义方式
```

下面语句定义 3 个变量 a、b、c 都是整型：

```
Dim a As Integer,b As Integer,c As Integer    '提倡使用的定义方式
```

③ 在实际应用中，应根据需要合理选择变量的作用域。

④ 在同一作用域内不能定义同名变量；在不同作用域内可以定义同名变量，但同一模块中的模块级变量和全局变量不能同名。

3.3.4　使用变量

1．赋值与取值

① 变量赋值：通过前面几节中介绍的赋值语句完成。赋值语句的作用是把一个表达式的值赋予一个变量，即保存到变量所占的内存空间中。变量的值除非被赋以新值，否则其值不会自动变化，即只有被赋以新值，旧值才被覆盖。对于数值类型变量，如果被赋的新值超出其可表示的范围，会出现"溢出"错误。

② 引用变量的值：将变量名写在表达式中，或给其他变量或属性赋值，或用作过程或函数的参数，表示使用变量的值。如语句 a=b+c 中，是将变量 b 和 c 的当前值求和后赋给变量 a。a 的值变为新值，b 和 c 的值被引用，不会被改变。

③ 变量的作用域限定了变量的有效作用区间，只有在该有效范围内，变量才能被程序访问。

④ 在不同作用域内可以定义同名变量，在使用时，作用域小的变量屏蔽作用域大的变量，即过程级变量屏蔽模块级变量，模块级变量屏蔽全局级变量。例如，在例 3.2 中，按钮事件过程中的变量 i 屏蔽模块级变量 i，过程中被访问的 i 实际上是过程级变量。

⑤ 访问另一个模块中定义的全局变量，应在变量名前加模块名修饰。如 Form2.inti。在没有重名的情况下，访问本模块或标准模块中的全局变量，不必加模块名。

2．变量的默认值

变量被定义之后，在第一次赋值之前，并不是没有值的，而是具有默认值。

① 数值型变量的默认值为 0；

② 逻辑型变量的默认值为 False；

③ 日期时间型变量的默认值为#0：00：00#；

④ 变长字符串变量的默认值为空字符串""；

⑤ 定长字符串变量的默认值是全部由空格组成的字符串，空格个数等于定长字符串的字符个数；

⑥ 对象型变量的默认值为 Nothing；

⑦ 变体类型变量的默认值为 Empty。

3．数据类型转换

类型转换是指把一种类型的数据转换为另一种类型。

（1）数据类型转换发生的情况

① 为变量和属性赋值时。变量被赋新值的数据类型应与变量定义时的数据类型一致，如果赋值号左边的变量或属性的类型与被赋值类型不一致，则会发生类型转换。

② 计算表达式时。表达式中，如果运算量的类型与运算符的要求不符，则会进行类型转换。

③ 参数传递时。在调用对象的方法或通用过程时，如果提供的实际参数与要求的形式参数类型不一致时，则进行类型转换。

（2）隐式类型转换的规则

隐式类型转换也称为默认转换，是指不使用专门的类型转换函数，由 Visual Basic 代码编辑器自动按默认规则进行转换。

① 整型与浮点型之间的转换。整型转换为浮点型时，存储格式转换，数值的大小不变；浮点数转换为整型数时，小数部分"四舍五入"为整数（其中小数部分正好是 0.5 的数要向最近的偶数靠拢）。

因为一种类型可以表示的值，另一种类型可能不能表示，所以在类型转换时，应注意避免出现"溢出"错误。

② 数值型与字符串型之间的转换。所有的数值都可以转换为字符串，反之则不然，只有字符串内容全部是数值信息时才可以转换为数值型。包含非数值字符的字符串（如有字母、标点符号）不能赋值给数值型变量，否则会出现"类型不匹配"错误。

③ 数值型与逻辑型之间的转换。数值型转换为逻辑型时，0 转换为 False，非 0 转换为 True；逻辑型转换为数值型时，False 转换为 0，True 转换为-1；逻辑型转换为字节型时，False 转换为 0，True 转换为 255。

④ 数值型与日期时间型之间的转换。日期时间型转换为数值型时，日期部分转换为数值的整数部分，值为此日期距 1899 年 12 月 30 日的天数；时间部分转换为小数部分，从零时到该时间占一整天的比例，12:00:00 转为 0.5。

例：dtm3=#3/18/1999 6: 00: 00# : sng2=dtm   'sng2 的值为 "36237.25"

把日期时间型转换为整型时，则时间部分会被忽略；把数值型转换为日期时间型是日期时间型转换为数值型的逆过程。

⑤ 字符串型与逻辑型之间的转换。逻辑型转换为字符串时，True 和 False 分别转换为"True"和"False"；字符串型转换为逻辑型时，只有"True"和"False"（或其他的大小写形式）可以转换为 True 和 False。其他任何字符串都不能转换为逻辑型，会出现"类型不匹配"错误。

⑥ 字符串型与日期时间型之间的转换。日期时间型转换为字符串型时，会按日期的短格式（在 Windows 控制面板的"区域设置"中设置）转换为相应的字符串。例如：

s2=#2/1/2010 8:20:00# '字符串变量 s2 的值为"2010-2-1 8: 20: 00"。

表示有效日期时间的字符串可以转换为日期时间型值。例如：

d2="2/1/2010 8:20:00 AM" '日期时间变量 d2 的值为#2010-2-1 8: 20: 00 AM#。

（3）不能进行类型转换的情况

① 包含非数值字符的字符串向数值型转换时，出现"类型不匹配"错误。

② 非"True"和"False"的字符串向逻辑型转换时，出现"类型不匹配"错误。

③ 非日期时间内容的字符串向日期时间型转换时，出现"类型不匹配"错误。

④ 转换时超出目标类型的表示范围，出现"溢出"错误。

3.4 常用内部函数

函数是一种特定的运算，在 Visual Basic 中，为了方便用户进行各种运算，提供了一些常用函数，利用它们，用户只要给出函数名并给出相应数目的参数，Visual Basic 就能计算出这些函数的值，而不需要用户自己编写程序来计算这些值。

在 VB 中，有 2 类函数，即内部函数和用户定义函数。

用户定义函数是由用户自己根据需要定义的函数。

内部函数也称标准函数，是由 Visual Basic 系统本身提供的、用户可以直接使用的函数。本节主要介绍常用的几类内部函数：显式数据类型转换函数、数学函数、字符串型和数值型转换函数、日期时间函数、字符串处理函数、格式输出函数。

用户可以在 Visual Basic 集成开发环境中，在窗体或命令按钮的单击事件中测试每个内部函数，也可以使用立即窗口进行快速测试。在立即窗口（见图 3-2）中，用户输入命令并按【Enter】键后，Visual Basic 会实时解释该命令，并立即响应。如果该命令有错误，则给出错误提示信息；如果命令正确，则给出命令的执行结果。例如：

```
x=200 <CR>              '<CR>表示回车
y=-300<CR>
z=Abs(x+y)<CR>         '求 x+y 的绝对值
Print z<CR>            '输出 z 的值，也可用?代替 Print
100                    '此为运算结果
```

图 3-2　立即窗口

如果在 Visual Basic 集成开发环境中，没有出现立即窗口，可通过选择"视图"→"立即窗口"菜单命令来打开立即窗口。

"自变量"是数学中的术语，在高级语言中一般称为参数，对于内部函数，也可称为自变量。对于用户编写的过程，一律称为参数。

3.4.1　显式数据类型转换函数

使用 Visual Basic 提供的数据类型转换函数（见表 3-2）进行显式地数据类型转换，与前面介绍的隐式类型转换的规则相同。使用这些类型转换函数可以增强程序的可读性，并且能进行强制类型转换，避免可能出现的歧义性。

表 3-2　显式类型转换函数

函　数	功　　能	函　数	功　　能
Cint(x)	把 x 的小数部分四舍五入，转换为整数	CByte(x)	把 x 的值转换为字节型
CLng(x)	把 x 的小数部分四舍五入，转换为长整型数	CStr(x)	把 x 的值转换为字符串型
CSng(x)	把 x 的值转换为单精度数	CBool(x)	把 x 的值转换为布尔型
CDbl(x)	把 x 的值转换为双精度数	CDate(x)	把 x 的值转换为日期时间型
Ccur(x)	把 x 的值转换为货币类型值，小数部分最多保留 4 位且自动四舍五入	CVar(x)	把 x 的值转换为变体类型值

使用这些函数的方法是，在括号中填入被转换的数据（可以是属性、常量、变量、函数或表达式），然后把转换函数放入表达式，则转换的结果就会参与表达式的计算。

3.4.2　数学函数

Visual Basic 提供的数学函数如表 3-3 所示。三角函数的自变量 x 是一个数值表达式。其中，Sin、Cos 和 Tan 的自变量是以弧度为单位，而 Atn 函数的自变量是正切值，它的返回值为弧度。可以用下面的公式将角度转换为弧度：$1° = \pi/180 = 3.14159/180$（弧度）。

表 3-3　数　学　函　数

函　数	功　能
Sin(x)	返回自变量 x 的正弦值，x 为弧度值
Cos(x)	返回自变量 x 的余弦值，x 为弧度值
Tan(x)	返回自变量 x 的正切值，x 为弧度值
Atn(x)	返回自变量 x 的反正切值，函数值为弧度值
Abs(x)	返回自变量 x 的绝对值
Sgn(x)	返回自变量 x 的符号，即：当 x 为负数时，函数返回-1；当 x 为 0 时，函数返回 0；当 x 为正数时，函数返回 1
Sqr(x)	返回自变量 x 的算术平方根，x 必须大于或等于 0，Double 型
Exp(x)	返回以 e 为底，以 x 为指数的值，即求 e 的 x 次方，Double 型
Log(x)	返回以 e 为底 x 的自然对数值，返回值为 Double 型
Int(x)	求不大于自变量 x 的最大整数
Fix(x)	去掉一个浮点数的小数部分，保留其整数部分（截尾）
Rnd(x)	产生一个 0~1 之间的单精度随机数

　　用 Rnd 函数可以产生随机数，当一个应用程序不断重复使用随机数时，同一序列的随机数会反复出现，用 Randomize 语句可以消除这种情况，其格式为：

```
Randomize [(x)]
```

　　这里的 x 是一个整型数，它是随机数发生器的"种子数"，可以省略，默认以系统时钟返回值作为"种子数"。

　　例：Int(8.78)的值为 8　　　　　　　　Int(-5.68)的值为-6

　　　　Int(6.743 6*1 000+0.5)/1 000 的值为 6.744（在小数点后第四位四舍五入）

　　　　Fix(5.69)的值为 5　　　　　　　　Fix(-5.88)的值为-5

　　　　Int(Rnd*(B-A+1)+A)的功能是产生[A，B]闭区间内的随机整数

3.4.3　字符串型和数值型转换函数

　　Visual Basic 提供的如表 3-4 所示的字符串和数值型之间的转换函数，与 3.3.3 中介绍的隐式类型转换功能不同，要注意加以区分。

表 3-4　字符串和数值型转换函数

函数	功　能
Hex$(x)或 Hex(x)	把一个十进制数转换为十六进制数，转换结果为一字符串
Oct$(x)或 Oct(x)	把一个十进制数转换为八进制数，转换结果为一字符串
Asc(x$)	返回字符串 x$中的第一个字符的 ASCII 码，转换结果是一个数
Chr$(x)或 Chr(x)	把数值型 x 的值作为 ASCII 值，转换为此 ASCII 码对应的字符
Str$(x)或 Str(x)	把数值型 x 的值转换为一个字符串。当 x 为正数时，结果的第一个字符为空格
Val(x$)	把字符串 x 左边有效数值转化为数值，若左边无有效数值，则返回结果为 0。有效数值包括 0~9、正负号、小数点和组成浮点常量的 E、e、D、d。转换时忽略空格、制表符与换行符

例：Hex(30)的值为"1E"　　　　　Oct(30)的值为"36"　　　　　Asc("abce")的值为 97

　　　Chr(97)的值为"a"　　　Str(345)的值为"345"　　　Val("23.5.3abe")的值为 23.5

　　　Val("w23.5.3abe")的值为 0　　　Val("2E3.5.3abe")的值为 2 000（相当于 2E3）

注：函数名后面的"$"表示函数的返回值为字符串型，在使用时可省略。

3.4.4　日期时间函数

Visual Basic 提供的日期时间函数如表 3-5 所示。

日期和时间的自变量 Now 是一个内部函数，它的取值为当前的日期和时间。用它作自变量，可以用日期和时间函数求当前系统的年、月、日、小时、分、秒。

表 3-5　日期时间函数

类　　型	函　　数	功　　能
系统日期时间	Date	返回系统当前的日期
	Time	返回系统当前的时间
	Now	返回系统当前的日期和时间
日期	Day(date)	返回 date 的日
	Weekday(date)	返回 date 的星期
	Month(date)	返回 date 的月份
	Year(date)	返回 date 的年份
	DateSerial(year,month,day)	返回一个日期值
时间	Hour(date)	返回 date 的小时（0～23）
	Minute(date)	返回 date 的分钟（0～59）
	Second(date)	返回 date 的秒（0～59）
	TimeValue(date)	返回 date 的时间部分
	TimeSerial(hour,minute,secong)	返回一个时间值

3.4.5　字符串处理函数

Visual Basic 4.0版以后，采用了所谓的大字符编码方案。这种编码方案把西文字符和中文字符均用两个字节进行编码，通常把这种处理方案称为"UniCode"（统一编码方式）。在这种机制下，一个英文字符或一个汉字都被看作是一个字符。如Len(" BASIC程序设计")返回值为9，Len 函数的功能为求字符串长度。

Visual Basic 提供了大量的字符串操作函数，在立即窗口可以试验这些函数。字符串函数大多以$结尾，表明函数的返回值是字符串。但是，在 Visual Basic 中，函数尾部的"$"可以有，也可以省略，其功能相同。

1. 删除空白字符函数：LTrim$ (字符串)、RTrim$ (字符串)、Trim$ (字符串)

空白字符包括空格、制表符等。

LTrim$(字符串)：用于去掉字符串中左边的空白字符。

RTrim$(字符串)：用于去掉字符串中右边的空白字符。

Trim$(字符串)：用于去掉字符串中左右两边的空白字符。

说明：这里的"字符串"可以是字符串常量、字符串变量、字符串函数或字符串连接表达式。

以下各函数中出现的"字符串"都具有这一含义。

例：a$=" Good "　　　　　　　　LTrim(a$)的结果为"Good "

　　RTrim(a$)的结果为" Good"　　　Trim(a$)的结果为"Good"

2．字符串截取函数

（1）Left$(字符串，字符个数)

此函数用于返回"字符串"最左边的长度为"字符个数"的子字符串。

例如：
```
Dim substr As String
    substr=Left("Visual Basic",6)          'substr="Visual"
```
（2）Right$(字符串，字符个数)

此函数用于返回"字符串"最右边的长度为"字符个数"的子字符串。

例如：
```
Dim substr As String
    substr=Right("Visual Basic",8)     'substr="al Basic"
```
（3）Mid$(字符串，起始位置，[字符个数])

此函数用于返回一个子字符串。

说明：

① 子字符串从"起始位置"开始，如果起始位置大于字符串长度，返回空字符串；

② 以"字符个数"为长度，若省略"字符个数"，则从起始位置到字符串的结尾。

例如：
```
Dim substr As String
    substr=Mid("Visual Basic",5)      'substr="al Basic"
```
3．字符串长度测试函数：Len(字符串)

此函数用于返回字符串的长度。在 Visual Basic 中，一个英文字符和一个汉字的长度都为 1。例如：Len("VB 程序设计")的结果为 6。

4．String$()函数

格式：`String$(n, ASCII 码)` 或 `String$(n，字符串)`

返回由 n 个指定字符组成的字符串。第二个自变量可以是 ASCII 码，也可以是字符串。当为 ASCII 码时，返回 n 个由该 ASCII 码对应的字符组成的字符串；当为字符串时，返回 n 个由该字符串第一个字符组成的一个字符串。

例如：
```
x=String$(5,65)          'x="AAAAA"
    x=String$(5,"abc")       'x="aaaaa"
```

5．字母大小写转换：LCase$(字符串)和 UCase$(字符串)

LCase：不论字符串中的字符为大写还是小写，一律输出为小写。

UCase：不论字符串中的字符为大写还是小写，一律输出为大写。

6．字符串匹配函数

格式：`InStr([起始位置,] "字符串 1","字符串 2" [,比较模式])`

此函数用来在字符串 1 中查找字符串 2。

说明：

① 从字符串 1 的"起始位置"处开始查找字符串 2，如果找到"字符串 2"，则返回字符串 2 在字符串 1 中第一次出现的起始位置，如果找不到，返回 0；若起始位置省略，则从字符串 1

的起始位置开始查找。

② 比较模式可以为 0 或 1，为 1 时，比较时不区分大小写；为 0 时，区分大小写。Visual Basic 的默认设置为 0。

③ 若指定了比较模式，则必须指定起始位置，否则就会出现语法错误。

例如：p=InStr("xyzabcdef xyz abq","ab")　　　'执行后 p=4

3.4.6　格式输出函数

为使数据按指定的格式输出，Visual Basic 提供了与 Print 方法配合使用的几个函数，其中包括 Tab()、Spc() 和 Space$() 等，下面就介绍如何使用这几个函数。

1．Tab()函数

① 格式：Tab(n);[输出项];Tab(n);[输出项];…

② 功能：把光标移到由参数 n 指定的位置，从该位置输出数据。

③ 参数说明： n 为数值表达式，其值为一整数；Visual Basic 中对 n 的取值范围没有限制；当 n<1 时，输出位置为第一列；当 n 值大于行宽（w）时，输出位置为 n Mod w ；当有多个 Tab() 函数时，每个 Tab() 对应一个输出项，各输出项之间用分号分隔。

例如：Print Tab(5);"姓名";Tab(25);"年龄";Tab(40);"职称"

该方法运行后，在第 5 个位置输出姓名，然后在第 25 个位置输出年龄,最后在第 40 个位置输出职称。

2．Spc()函数

① 格式：Spc(n)

② 功能：Spc() 函数只能用于 Print 方法中，不可以用于表达式中。Spc() 函数和输出项之间用分号间隔，跳过 n 个空格，表示的是两个输出项之间的间隔。

③ 参数说明：n 为数值表达式，其值为 0 ～ 32767 之间的整数。

例如：Debug.Print "吉林师范大学";Spc(10);"计算机学院"

该方法行后，首先在立即窗口中输出"吉林师范大学"，然后跳过 10 个空格，再输出"计算机学院"。

3．Space$()函数

① 格式：Space$(n)

② 功能：Space() 函数返回 n 个空格。

③ 参数说明：n 为数值表达式，其值为非负数。Space() 函数既能用于 Print 方法中，也能用于表达式中。

例如：Debug.Print "计算机学院" & Space(5 + 2) & "网络实验室"

输出结果（在立即窗口中）：计算机学院　　　　　网络实验室

3.5　表　达　式

运算是对数据的加工和处理。最基本的运算形式常常可以用一些简洁的符号来描述，这些符号称为运算符或操作符。被运算的对象，即数据，称为运算量或操作数。由运算符和运算量组成的表达式描述了对哪些数据、以何种顺序进行什么样的操作。运算量可以是常量，也可以是变量，还可以是函数。例如：A+3，T+Sin(a)，X=A+B，PI*r*r 等都是表达式，单个变量、常量或函数也可以看成是特殊的表达式。表达式的最终计算结果称为表达式的值，表达式的值也有相应的数据类型。表达式是语句的重要组成部分，可用来为变量和属性赋值，也可以作为参数来调用函数、过程和方法。

Visual Basic 提供了丰富的运算符，可以构成多种表达式。

3.5.1 算术表达式

1. Visual Basic 中的算术运算符

算术运算符是指在程序中实施算术运算（即数学运算）的符号。在 Visual Basic 中的算术运算符如表 3-6 所示。

表 3-6 Visual Basic 中的算术运算符

运 算 符	名 称	表达式例子	说 明
+	加	a+b	
-	减	a-b	
*	乘	a*b	
/	除	a/b	
\	整除	a\b	只用于整数
Mod	求余（取模）	a Mod b	只用于整数
^	乘方	a^b	
-	取负	-a	

所有算术运算符中，除了负运算符是单目运算外（即要求参与运算的对象个数是 1），其余运算符都是双目运算。各运算符的含义与数学中基本相同。

一般情况下，加、减、乘、除、乘方和取负 6 种运算符可以对所有数值类型进行运算，运算结果的数据类型应该与运算量的类型相同。如果两种不同类型的数值进行运算，运算结果的数据类型与表示范围大、精度高的数据保持一致。

对于乘方运算，处在运算符左边的数据是底数，右边的数据是指数，如 10^2 的结果为 100，$100^{0.5}$ 的结果为 10，10^{-2} 的结果为 0.01。

注意浮点数除法"/"与整数除法"\"的区别。浮点数除法运算符执行标准的除法运算，运算结果为浮点数。例如 10/4=2.5。

整除运算符"\"执行整除运算，运算结果为整数，如：10\4=2，即求两数相除的整数商运算。参加整除运算的运算对象一般为整数值，当运算对象中含有小数点时，此时 Visual Basic 会自动按隐式类型转换规则进行转换，即将操作数四舍五入为整型数或长整型数后再进行整除运算。如 17.8\5.2=3，即转化为求 18\5，结果等于 3。

求余运算即求两个数相除的余数，如：7 mod 3 的结果为 1。如果参加求余运算的运算对象中含有小数，则 Visual Basic 会自动按隐式类型转换规则进行转换，即将操作数进行四舍五入转换为整型值后，再进行求余运算。如：11.6 mod 5.1 的结果为 2，即转化为 12 对 5 求余，结果为 2。另外，求余运算结果的正负号与第一个运算量的符号相同。

所有的运算必须保证其在数学上有意义，否则会出错。如 4/0 中除数为零，Visual Basic 会提示错误信息。

2．算术表达式

算术表达式是由算术运算符连接的数值型常量、变量或函数构成的有意义的式子。在书写表达式时应注意与数学上的表达式写法上的区别。

① 表达式中所有符号必须一个一个并排写在同一行上，不能写成上标或下标的形式。例如：数学上的 3^2 在 Visual Basic 中要写成 3^2 的形式。

② 在 Visual Basic 不能省略乘号运算，如数学上的表达式 b^2-4ac 中省略了乘号，但在写成对应的 Visual Basic 表达式时，要写成 b^2-4*a*c。

③ 表达式中所有的括号一律写成圆括号，并且括号左右必须配对。如数学上的表达式 [(x+y)/(a-b)+c]x，在 Visual Basic 中要写成((x+y)/(a-b)+c)*x。

④ 数学表达式中的表示特定含义的符号要写成具体的数值。例如：数学上的表达式 2π，在 Visual Basic 中要写成 2*3.14。

3．算术运算符的优先级

当一个算术表达式中出现多个运算符时，要按照运算符的优先次序进行运算，优先级高的运算符先运算，优先级低的运算符后运算。

在所有的 8 个算术运算符中，指数运算符（^）优先级最高，其他依次是取负（-），乘（*）和浮点除（/），整除（\），取模（Mod），加（+）和减（-）。其中，乘和除是同级运算，加和减是同级运算。当一个表达式中含有多种算术运算符时，必须严格按照上述顺序进行求值，当遇到同一级运算符时，按从左到右的顺序进行运算。如果表达式中含有括号，则先计算括号内表达式的值，有多层括号时，先计算内层括号的值，再求外层括号内表达式的值。例如：

-3^2=-9　　　(3+2)*7=35　　　14/5*2=5.6　　　14\5*2=1　　　1+((2+3)*2)*2=21

3.5.2　字符串表达式

1．字符串连接运算符

将两个或多个字符串连接起来可以用字符串连接运算符"&"或"+"，生成一个新的字符串。例如：

"Visual" + " " & " Basic" 的结果为"Visual Basic"。

"abc" & "123"的运算结果是"abc123"

Visual Basic 中，"+"既可作为算术运算符中的加法运算符，也可用作字符串的连接运算符，而"&"运算符专用于字符串的连接运算。一般情况下，两者在使用上没有区别，但"&"会自动将非字符串类型的数据转换成字符串后再进行连接运算，而"+"则不能自动转换。如：

"abc" + "123"的运算结果是"abc123"

"abc" + 123　　结果出错，错误提示为"类型不匹配"

"abc" & 123　的运算结果是"abc123"

"12"+ "123"的运算结果是"12123"

"12"+ 123 的运算结果是 135（先将字符串转换为整数），而不是"12123"

所以，在对两个字符串表达式作连接运算时，用"&"比用"+"更可靠和安全。

2．字符串表达式

字符串表达式是由字符串运算符将字符串常量、字符串变量、字符串函数连接形成的一个有意义的式子。例如：

"xyz" & "123" & Left("abc", 2)就是一个字符串表达式，其中 Left 是字符串处理函数。

3．字符串连接运算符的优先级

字符串连接运算符"&"的优先级低于所有的算术运算符，而高于其他的运算符。

3.5.3 关系表达式

1．关系运算符

关系运算符也称比较运算符，用来对两个表达式的值进行比较，比较的结果是一个逻辑值，即真(True）或假(False）。关系运算符用来对两个数值的大小进行比较，如果满足运算符的定义，则结果为 True，否则结果为 False。Visual Basic 提供了以下关系运算符：

= （等于）	> （大于）	< （小于）
<>或>< （不等于）	<= （小于或等于）	>= （大于或等于）

2．关系表达式

关系表达式是用关系运算符将算术表达式或字符串表达式连接形成的一个有意义的式子。关系运算符两侧参加运算的数据类型必须完全一致。例如，

(a+b)*3<2*c、x^2+5>x+y、"abce">"xyz"、"123" & Vaxy>left("my string", 5) 等都是正确的关系表达式写法。

在应用程序中，关系运算的结果通常作判断用。

说明：

① 一个关系表达式的运算结果是一个 Boolean 类型的值，即关系表达式的值只能为 True 或 False。Visual Basic 把任何非零值当作"真"值，以 0 表示"假"。

② 在对两个数值表达式进行关系运算时，是比较两个数值的大小。例如：3>5 的结果为 False，(3+5)>7 的运算结果为 True。

③ 对于字符型数据的比较，如果是直接比较单个字符，则比较两个字符的 ASCII 码的大小，而对于两个汉字字符，比较两个汉字字符的区位码。如"a" > "b"的结果为 False。

如果比较的是两个字符串，则从两个字符串的第一个字符开始，从左到右分别对比相同位置的字符，直到遇到不相等的字符为止，则此次比较的大小关系即为两个字符串的大小关系。如果两个字符串字符个数相同，对应位置的字符也完全相同，则这两个字符串相等；如果一个字符串是另一个字符串的前半部分，则长串大于短串。

例如："abc">"abyz"的结果为 False，"XYZ"<"X123"的运算结果为 False，"abc"<"abcd"的运算结果为 True。

④ 常见的字符值的大小比较关系如下：

"空格"<"0"<......<"9"<"A"<......<"Z"<"a"<......<"z"

⑤ 当对单精度数或双精度数使用比较运算符时，应避免对两个浮点数直接做"相等"或"不相等"的判别和比较，否则可能会出现错误的结果。这主要是由于单精度数和双精度数等浮点数在计算机中存放时，不是精确数，而是一个近似值，具有误差。例如：

```
1.0/3.0*3.0=1.0
```

在数学上，该表达式为恒等式，但在计算机上运行，可能会给出 False 值。解决上述问题的方法是利用两者的差值与一个很小的数（如 10^{-8}）进行比较。例如：上式可写为

`Abs(1.0/3.0*3.0-1.0)<1E-8`　（此处 Abs 为 Visual Basic 提供的求绝对值的库函数）。

3．关系运算符的优先级

Visual Basic 中，所有的关系运算符的优先级都相同。属于同一级运算，在运算时按从左向右的次序进行运算。而关系运算符的运算优先级低于所有算术运算符和字符串连接运算符，而高于其他的运算符。如：3^2+5>5*3-10 的运算结果为 True，运算时先进行算术运算，再进行关系运算。

3.5.4　逻辑表达式

1．逻辑运算符

逻辑运算也称布尔运算，用来对布尔型数据进行运算，逻辑运算的结果也是逻辑值。

Visual Basic 中的逻辑运算符如表 3-7 所示。

表 3-7　逻辑运算符

运算符	名　称	说　　　明
Not	逻辑非	单目运算符，对单个表达式的逻辑值取反，即由真变假或由假变真
And	逻辑与	两个表达式都为 True 时，整个表达式的值为 True，否则为 False
Or	逻辑或	两个表达式有一个为 True 时，整个表达式的值为 True，否则为 False
Xor	异或	两个表达式的值不同时，整个表达式的值为 True，否则为 False
Eqv	同或/等价	两个表达式同时为 True 或 False 时，整个表达式为 True，否则为 False
Imp	蕴含	当第一个表达式为 True，且第二个表达式为 False 时，结果为 False，否则为 True

和关系运算一样，逻辑运算通常也用来判断程序流程。

2．逻辑表达式

逻辑表达式是由逻辑运算符将关系表达式、布尔常量、布尔变量、布尔函数等连接形成的有意义的式子。其一般格式为：

<关系表达式1> <逻辑运算符> <关系表达式2>

说明：

一个逻辑表达式的值为布尔值，即为 True 或 False。例如：

Not (5>3)的值为 False

3+（5/2-3）<10 And 10^2-90>=40 Mod 6\5 的值为 True。

【例 3.4】使用逻辑运算符。

```
Private Sub Command1_Click()
    Dim A As Integer, B As Integer, C As Integer
    A = 10:  B = 8:  C = 6          ' 给变量赋值
    Print A > B And B > C           ' 结果为 True
    Print B > A Or B > C            ' 结果为 True
    Print Not A > B                 ' 结果为 False
    Print B > A Eqv B > C           ' 结果为 False
    Print B > A Imp C > B           ' 结果为 True
    Print B > A Xor C > B           ' 结果为 False
End Sub
```

3. 逻辑运算符的优先级

逻辑运算符的优先级由高到低依次为：Not，And，Or，Xor，Eqv，Imp。所有逻辑运算符低于算术运算符、字符串连接运算符和关系运算符。

3.5.5 各种运算符优先级比较

在一个表达式中，往往含有多种运算符，Visual Basic 规定了各种运算符的优先次序，以便能正确地计算出表达式的值。在一个表达式中，先计算优先级高的运算符，再计算优先级低的运算符。优先级相同时，从左向右计算。

前面学过的各种运算符的优先级次序如表 3-8 所示，从高到低依次为：

第 1 级：算术运算符。

算术运算符内部的优先次序从高到低为：^、-（取负）、*和/、\、Mod、+和-。

第 2 级：字符串连接运算符。

两个运算符级别相同：&和+。

第 3 级：关系运算符。

所有关系运算符的运算级别相同。

第 4 级：逻辑运算符。

逻辑运算符的优先级从高到低为：Not、And、Or、Xor、Eqv、Imp。

由表 3-8 可知，在表达式中，先进行算术运算，接着进行字符串连接运算，然后进行关系运算，最后进行逻辑运算。所有关系运算符的优先级都相同，也就是说，要按它们出现的顺序从左到右进行处理。

表 3-8　运算符的优先级

算术运算符及字符串运算符			关系运算符			逻辑运算符	
高	幂运算（^）		高	相等（=）		高	非（Not）
	取负（-）			大于（>）			与（And）
	乘法和除法（*、/）			小于（<）			或（Or）
	求余运算（Mod）			大于或等于（>=）			异或（Xor）
	加法和减法（+、-）			小于或等于（<=）			等价（Eqv）
低	字符串连接运算（&）		低	不等于（<>）		低	蕴含（Imp）

使用小括号，可以改变计算顺序，括号内的运算优先进行，处在最内层括号里的运算首先进行，然后依次从内层向外层进行运算。另外，在表达式中加一些不影响计算顺序的小括号，会使表达式的可读性增强。

习　题　3

一、选择题

1. 以下变量名中，（　　　）是不符合 Visual Basic 的命名规范的。

    A．Abc901　　　　　　B．_mnu_Open_234　　　　　C．price_　　　　　　D．K

2. 在 Visual Basic 中，要强制用户对所用的变量进行显式声明，这可以在（　　　）设置。

    A. "属性"对话框　　　　　　　　　　B. "程序代码"窗口

    C. "选项"对话框　　　　　　　　　　D. 对象浏览器

3. 使用 Public Const 语句声明一个全局的符号常量时，该语句应放在（　　　）。

    A. 过程中　　　　　　　　　　　　　B. 窗体模块的通用声明段

    C. 标准模块的通用声明段　　　　　　D. 窗体模块或标准模块的通用声明段

4. 假设变量 bool_x 是一个布尔型(逻辑型)的变量，则下面正确的赋值语句是（　　　）。

    A. bool_x="False"　　　　　　　　　B. bool_x=.False.

    C. bool_x=#False#　　　　　　　　　D. bool_x=False

5. 下列可作为 Visual Basic 变量名的是（　　　）。

    A. A#A　　　　　　B. 4A　　　　　　C. ?xv　　　　　　D. constA

二、填空题

1. 在窗体上画一个名称为 Command1 的命令按钮，编写下列程序：

```
Private Sub Command1_Click( )
    Cls
    Dim a As Integer
    Static b As Integer
    a = a + b
    b = b + 4
    Print a,b
End Sub
```

    程序运行后，单击该命令按钮 3 次，屏幕上显示的值是_____。

2. 函数 Str(256.36) 的值是_____。

3. 以下程序段的输出结果是_____。

```
x=8.5
Print Int(x)+0.6
```

4. VB 表达式 Int（-4.8）*6\3^2+Fix（-4.8）的值是_____

5. 设有如下的 Visual Basic 表达式：5 * x^2 - 3 * x - 2 * Sin(a) 它相当于代数式_____。

第 4 章　选择结构设计

结构化程序设计的基本控制结构有 3 种，即顺序结构、选择结构和循环结构。由这 3 种基本结构还可以派生出"多分支结构"，即根据给定条件从多个分支路径中选择执行其中的一个。前面编写的一些简单的程序（事件过程）大多为顺序结构，即整个程序按书写顺序依次执行。在这一章中，将讨论顺序结构之外的流程控制语句，选择结构、多分支结构。掌握了这些语句，就可以编写较为复杂的程序了。

4.1　选择结构程序设计概述

用顺序结构能编写一些简单的程序，进行简单的运算。但是，人们对计算机的要求不仅限于一些简单的运算，经常遇到要求计算机进行逻辑判断的情况，即给出一个条件，让计算机判断该条件是否成立，并按不同的情况进行不同的处理。例如：

① 从键盘输入一个数，如果它是正数，把它打印出来；否则不打印。

② 判断一个正整数的奇偶性。

③ 比较 3 个数的大小，输出大者。

④ 要计算机输出 y 的值：

$$y= \begin{cases} 1 & （当 x>0） \\ 0 & （当 x=0） \\ -1 & （当 x<0） \end{cases}$$

以上这些问题都需要由计算机按照给定的条件进行分析、比较和判断，并按照判断后的不同情况进行不同的处理，这种问题属于选择结构，图 4-1 是选择结构程序的流程图。此结构中包含一个判断，根据给定的条件 P 是否满足，从两个分支路径中选择执行其一。图 4-1 中表示，若条件 P 满足则执行 A 框的操作，否则执行 B 框的操作。条件 P 由用户设定，例如条件 P 是"x>y"等。

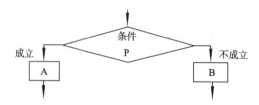

图 4-1　选择结构程序的流程图

4.2　用条件语句实现选择结构

在 Visual Basic 中，提供了两种实现选择结构的语句：条件语句（也称 If 语句）和情况语句（也称 Select Case 语句）。条件语句有两种格式，一种是行结构，一种是块结构。

4.2.1　行 If 语句

（1）行 If 语句的一般格式及功能

If　条件　Then　语句组 1　[Else 语句组 2]

具体有两种形式：

① If 条件 Then 语句组。

例如：If x>0 Then Print x

该语句的功能是：如果"条件"为真，则执行 Then 后"语句组"，然后继续执行此行 If 语句的下一条语句。如果"条件"为假，则直接执行 If 语句的下一条语句。

② If 条件 Then 语句组 1 Else 语句组 2。

例如：If x>0 Then Print x Else Print -x

该语句的功能是：如果"条件表达式"的值为 True ，则执行"语句组 1"；否则，执行"语句组 2"。"语句组 1"与"语句组 2"中至少有一组被执行，然后继续执行此行 If 语句的下一条语句。

（2）说明

① "条件"通常是关系表达式或逻辑表达式，"语句组 1"和"语句组 2"可以是一个语句，也可以是多个语句。多条语句必须使用"："隔开写在同一语句行上。

② 行 If 语句要求在一语句行（指的是逻辑行，可包含 255 个字符）写完整个选择结构。

【例 4.1】从键盘输入一个数，如果它是正数，把它打印出来；否则不打印。

程序如下：

```
Private Sub Form_Click()
    Dim x As Single
    x=Val(InputBox("请输入一个数: "))
    If  x>=0  Then  Print  x        '一个分支
End Sub
```

【例 4.2】判断一个正整数的奇偶性。

程序如下：

```
Private Sub Form_Click()
    Dim x As Single
    x=Val(InputBox("请输入一个数: "))
    If  x mod 2=0  Then  Print  x; "是偶数 "  Else  Print  x;"是奇数 "
End Sub
```

【例 4.3】比较 3 个数的大小，输出大者。

程序如下：

```
Private Sub Form_Click()
    Dim x As Single,y As Single,z As Single,max As Single
    x=Val(InputBox("请输入第一个数: "))
```

```
    y=Val(InputBox("请输入第二个数:  "))
    z=Val(InputBox("请输入第三个数:  "))
    max=x
    If y>max Then max=y
    If z>max Then max=z  '这两个 If 语句为由上到下顺序执行的关系
    Print max
End Sub
```

4.2.2　块 If 语句

行 If 语句要求在一语句行写完整个选择结构。如果该选择结构内容很多时，语句就会很长。因此行 If 语句一般只用于实现简单的选择结构。

1. 块 If 语句的格式

```
If  条件 1 Then
    语句块 1
[ElseIf 条件 2 Then
    语句块 2]
......
[ElseIf 条件 n Then
    语句块 n]
[Else
    语句块 n+1]
End If
```

2. 块 If 语句的功能

从上到下，第几个条件表达式值为 True，就执行相应的第几个语句块，然后执行 End If 下面的语句。如果有不止一个条件表达式的值为 True，只有最上面的条件所对应的语句块被执行。如果所有条件表达式的值均不为 True，则执行 Else 关键字下面的"语句块 n+1"，然后执行 End If 下面的语句。

3. 说明

① 这里的"条件"不但可以是逻辑表达式或关系表达式，还可以是数值表达式。在 Visual Basic 中，当"条件"是数值表达式时，非 0 值表示真（True），0 值表示假（False）。

② "语句块"中的语句不能与 Then 在同一行上，否则 Visual Basic 认为是单行结构条件语句。

③ 块结构条件语句，必须以 End If 结束。

④ 在块结构条件语句中，ElseIf 子句的数量没有限制。

⑤ "语句块"可以是一个语句，也可以是多个语句。当有多个语句时，可以分别写在多行；如果写在一行中，则各语句之间用冒号隔开，构成语句组。

```
例如: If X>Y Then
        A=X
        B=Y
    End If
```

也可以写作:
```
    If X>Y Then
        A=X : B=Y
    End If
```

⑥ 块 If 语句必须以 If 开头，以 End If 结束，且两者必须成对出现。

【**例 4.4**】用块 If 语句实现例 4.2 的要求。

程序如下：

```
Private Sub Form_Click()
    Dim x As Single
    x=Val(InputBox("请输入一个数: "))
    If  x mod 2=0  Then
      Print  x;"是偶数 "
    Else
      Print  x;"是奇数 "
    End If
End Sub
```

块 If 语句也可以嵌套，即可以在外层块 If 的 Else 语句块或 Then 语句块中又包含了一个内层的块 If 语句。注意每个块 If 语句都以 If 开头，以 End If 结束。

【**例 4.5**】用块 If 语句编程，求 y(x)的值。y 函数求值规则如下：$y = \begin{cases} 1 & (x > 0) \\ 0 & (x = 0) \\ -1 & (x < 0) \end{cases}$

程序如下：

```
Private Sub Form_Click()
    Dim x As Single,y As Single
    x=Val(InputBox("请输入 x 的值"))
    If  x>0  Then
        y=1
    Else
       If  x=0  Then
           y=0
       Else
           y=-1
           End If
    EndIf
    Print "x=";x, "y=";y
End Sub
```

【**例 4.6**】商店售货，按购买货物的款数多少分别给予不同优惠折扣如下：

购货 1 000 元以下者无优惠；购货 1 000 元以上 2 000 元以下者，按九五折优惠；购货 2 000 元以上 3 000 元以下者，按九折优惠；购货 3 000 元以上 5 000 元以下者，按八五折优惠；购货 5 000 元以上者，按八折优惠，以上规定可表示如下：

$$Y = \begin{cases} x & (x < 1\,000) \\ 0.95x & (1\,000 \leqslant x < 2\,000) \\ 0.9x & (2\,000 \leqslant x < 3\,000) \\ 0.85x & (3\,000 \leqslant x < 5\,000) \\ 0.8x & (x \geqslant 5\,000) \end{cases}$$

设计步骤如下：

① 建立应用程序用户界面与设置对象属性，如图 4-2 所示。

图 4-2　例 4.6 程序设计界面

② 程序代码设计如下:

```
Private Sub Command1_Click()
    Dim x As Single, y As Single
    x = Val (Text1.Text)
    If x < 1000 Then
        y = x
    Else
        If x < 2000 Then
            y = 0.95 * x
        Else
            If x < 3000 Then
            y = 0.9 * x
            Else
                If x < 5000 Then
                y = 0.85 * x
                Else
                    y = 0.8 * x
                    End If
                End If
            End If
        End If
    Text2.Text = y
    Text2.Locked = True
End Sub
```

4.3　用情况语句实现多分支选择结构

在 Visual Basic 中，多分支选择结构是通过情况语句（Select　Case 语句）来实现的。多分支选择结构的特点是：从多个选择结构中，选择第一个条件为真的路线作为执行的路线。

1. Select Case 结构的一般格式

```
Select Case 测试表达式
    Case 条件 1
        语句块 1
    [Case 条件 2
        语句块 2]
    ……
```

```
[Case Else
    语句块 n]
End Select
```

2. 功能

情况语句的执行过程是：先对"测试表达式"求值，然后从上到下顺序测试该值与哪一个 Case 子句中的"条件"相匹配；若找到了，则执行该 Case 分支的语句块，然后转移到 End Select 后面的语句；如果"测试表达式"中的值与"条件 X"中的多个相匹配，则只执行第一个相匹配的 Case 之后的语句块；如果没找到，则执行 Case Else 分支的语句块，然后转移到 End Select 后面的语句；若没有 Case Else 子句，则直接执行 End Select 之后的语句。

3. 说明

① 第一行中 Case 后面的测试表达式可以是算术表达式或字符串表达式。如 a+b，a+3，c$，Int(m)，Sin(x)均为合法的 Case 表达式。

② Select Case 语句中的"匹配"包括"精确相等"和"在指定区间内"两种情况。具体使用的是哪种情况，由 Case 后面"条件×"的给定方式决定。

Case 后面"条件×"的形式可以是以下 4 种情况之一：

* 单个常量、变量或表达式。例如：Case 90 和 Case "Tom"。这种情况下，如果测试表达式的值与给出的值相等就认为匹配。
* 使用关键字"To"连接的两个值。例如：Case 1 To 5 和 Case "A" To "C"。这种情况下，关键字"To"连接两个值表示值的范围（闭区间），如果测试表达式的值属于这个区间则认为匹配。
* 使用"Is"关键字、比较运算符和数值、字符串构成的表达式。例如：Case Is >= 80 和 Case Is <> ""。这种情况表示一个开区间，如果测试表达式的值属于该区间便认为匹配。
* 以上 3 种的组合形式（使用逗号分隔）。例如：Case 6, 8 To 9, Is >12。这种情况下，只要由逗号分开的多项中有任何一项与测试表达式匹配，就认为匹配。例如：

```
Case 1,3,5,7
Case 1 To 5,8 To 10, Is>100
```

对上面的第一个 Case 子句而言，只要 Case 变量（或 Case 表达式）的值为 1,3,5,7 之一时，就应执行此 Case 子句中的语句组。对第二个 Case 子句而言，只要 Case 变量的值在 1 到 5 之间或 8 到 10 之间或大于 100，都认为满足匹配条件，应执行此子句中的语句组。

③ 当"条件"为一个关系条件时，不能包含逻辑运算符。

例如，表示 $0 \leqslant x \leqslant 100$ 不能写成：

```
Case Is >=0 AND <=100
```

应该写成：

```
Case 0 To 100
```

④ 不同 Case 子句中的"条件"不应当出现重复，以避免出现操作上的矛盾。

【例 4.7】用 Select Case 语句来完成例 4.6 程序设计，计算优惠价格。

只需要将命令按钮 Command1 的单击事件代码改为：

```
Private Sub Command1_Click()
  Dim x As Single, y As Single
    x = Val (Text1.Text)
```

```
    Select Case x
      Case is<1000
        y = x
      Case is < 2000
        y = 0.95 * x
      Case is < 3000
        y = 0.9 * x
      Case is < 5000
        y = 0.85 * x
      Case Else
        y = 0.8 * x
    End Select
    Text2.Text = y
    Text2.Locked = True
End Sub
```

【例 4.8】将输入的百分制成绩转换成五级分制的形式输出。

先设计程序界面，如图 4-3；然后设置各控件属性。

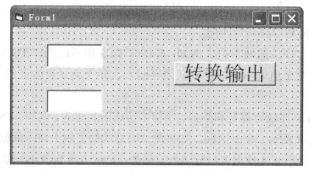

图 4-3　例 4.8 程序设计界面

程序 1：

```
Private Sub cmdRank_Click()
    Dim intMark As Integer
    intMark = Val(txtInput.Text)
    If intMark >= 90 Then
        txtOutput.Text = "优秀"
    Else
        If intMark >= 80 Then
          txtOutput.Text = "良好"
        Else
          If intMark >= 70 Then
            txtOutput.Text = "中等"
          Else
            If intMark >= 60 Then
              txtOutput.Text = "及格"
            Else
              txtOutput.Text = "不及格"
```

```
            End If
          End If
        End If
     End If
End Sub
```

程序 2:

```
Private Sub cmdRank_Click()
    Dim intMark As Integer
    intMark = Val(txtInput.Text)
    If intMark >= 90 Then
       txtOutput.Text = "优秀"
    ElseIf intMark >= 80 Then
       txtOutput.Text = "良好"
    ElseIf intMark >= 70 Then
       txtOutput.Text = "中等"
    ElseIf intMark >= 60 Then
       txtOutput.Text = "及格"
    Else
       txtOutput.Text = "不及格"
    End If
End Sub
```

程序 3:

```
Private Sub cmdRank_Click()
    Dim intMark As Integer
    intMark = CInt(txtInput.Text)
    Select Case intMark          ' intMark 为测试表达式
       Case Is >= 90
           txtOutput.Text = "优秀"
       Case Is >= 80
           txtOutput.Text = "良好"
       Case Is >= 70
           txtOutput.Text = "中等"
       Case Is >= 60
           txtOutput.Text = "及格"
       Case Else
           txtOutput.Text = "不及格"
    End Select
End Sub
```

程序 4:

```
Private Sub cmdRank_Click()
    Dim intMark As Integer
    intMark = Val(txtInput.Text)\10
    Select Case intMark
       Case Is >= 9
           txtOutput.Text = "优秀"
       Case 8
           txtOutput.Text = "良好"
```

```
        Case 7
            txtOutput.Text = "中等"
        Case 6
            txtOutput.Text = "及格"
        Case Else
            txtOutput.Text = "不及格"
    End Select
End Sub
```

程序运行效果如图 4-4。从以上几个例题可知，一个题目可以用多种方法来解决，可以用不同的程序来实现。读者可以自己比较不同方法的优缺点，根据需要选择合适的方法。千万不要以为凡是书本上列出的程序都是最完美无缺的，这些程序往往只是为了举例说明某一问题，读者完全可以编写出不同的程序，甚至是更好的程序。

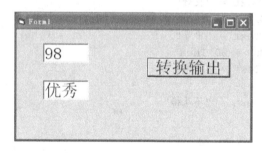

图 4-4　例 4.8 程序运行效果

4.4　单　选　按　钮

单选按钮（OptionButton）是一个开关控件，通常用来组成选项组。当打开选项组中某一个单选按钮时，其他单选按钮都处于关闭状态。单选按钮一般用框架进行分组，有关框架控件的使用将在第 6 章介绍。

单选按钮的左边有一个"○"。当某一单选按钮被选定后，其左边的圆圈中出现一个黑点。单选按钮主要用于在多种功能中由用户选中一种功能的情况。

1．单选按钮的属性

单选按钮常用的属性如表 4-1 所示。

表 4-1　单选按钮的属性

属　性	含　义
Name	单选按钮的名称。默认为 Option1，Option2，Option3，…
Caption	单选按钮的标题。默认为 Option1，Option2，Option3，…
Alignment	用来设置单选按钮标题的对齐方式。该属性取值为 0 或常量 vbLeftJustify 时（默认），控件居左，标题在控件右侧显示；该属性取值为 1 或常量 vbRightJustify 时，控件居右，标题在控件左侧显示
Value	用来设置单选按钮的状态。如果取值为 True，则单选按钮被选中；如果取值为 False，则单选按钮未被选中
Style	用来设置单选按钮的显示方式。该属性取值为 0 或常量 vbButtonStandard 时（默认），按标准样式显示，即同时显示控件和标题；该属性取值为 1 或常量 vbButtonGraphical 时，以图形方式显示，外观与命令按钮类似。该属性只能在设计时使用

说明：

① 如果想使某个单选按钮成为单选按钮组中的默认按钮，则在设计时将其 Value 属性设置成 True。它将保持被选中状态，直到用户选择另一个不同的单选按钮或用代码改变它。

② 如果想禁用某个单选按钮，可将其 Enabled 属性设置为 False。程序运行时，若此单选按钮显示模糊，表示无法选取该单选按钮。

2．单选按钮的事件

单选按钮常用的事件为单击事件（Click）。

【例 4.9】用单选按钮控制命令按钮字体的大小。

程序中使用的控件及相关属性设置如表 4-2 所示。

表 4-2　例 4.9 程序中使用的控件

控　件	Name	Caption	Alignment	Value	Style
标签	Label1	请选择字体大小：	0	无	无
命令按钮	Command1	确定	无	无	0
单选按钮	Option1	12	0	False	0
单选按钮	Option2	16	0	False	1
单选按钮	Option3	18	1	True	0
单选按钮	Option4	20	1	False	1

为单选按钮分别编写 Click 事件如下：

```
Private Sub Option1_Click()
    Command1.FontSize = 12
End Sub
Private Sub Option2_Click()
    Command1.FontSize = 16
End Sub
Private Sub Option3_Click()
    Command1.FontSize = 18
End Sub
Private Sub Option4_Click()
    Command1.FontSize = 20
End Sub
```

程序运行后，单击任意一个单选按钮，命令按钮上的字体将按选定的字体大小显示。程序运行结果如图 4-5 所示。

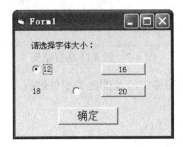

图 4-5　例 4.9 运行结果

由于在设计阶段将标题为"18"的单选按钮 Value 属性设置为 True, 所以程序运行时, 默认选中的单选按钮是 Option3。对于 Option2 和 Option4 虽然在外观上和命令按钮相似, 但其作用和命令按钮是不一样的, 仍属单选按钮。此时, 单选按钮可以用 Picture、DownPicture 和 DisablePicture 属性分别设置不同的图标, 以表示未选定、选定和禁用。

【例 4.10】请用单选按钮使文本框中的字体改变颜色, 如图 4-6 所示。

```
Private Sub Option1_Click()
    Text1. ForeColor = RGB(255, 0, 0)
End Sub
Private Sub Option2_Click()
    Text1. ForeColor = RGB(0, 255 , 0)
End Sub
Private Sub Option3_Click()
    Text1. ForeColor = RGB(0, 0, 255)
End Sub
```

图 4-6　例 4.10 运行结果

3. 使用单选按钮组

单选按钮和复选框都可以接受 Click 事件, 但一般不需要编写 Click 事件过程。因为当用户单击单选按钮和复选框时, 它们自动改变状态。

单选按钮的一个特点是当选定其中一个, 其余就自动关闭。但当需要在同一个窗体中建立几组互相独立的单选按钮时, 就需要用框架(Frame)将一组单选按钮框起来, 这样在一个框架内的单选按钮为一组, 它们的操作不影响框外其他组的单选按钮。

【例 4.11】单选按钮组用法实例。

设计步骤如下:

① 建立应用程序用户界面和设置对象属性。在窗体中建立 3 组单选按钮组, 分别放在名称为字体、字号、颜色的框架中, 如图 4-7 所示。当用户选定"宋体"单选按钮, 还可以选定"20 号"单选钮, 也可选定"红色"单选按钮。该应用程序运行时, 只有当用户单击"确定"按钮后, 文本框的字体、大小、颜色才改变。

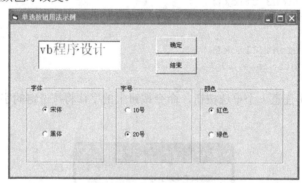

图 4-7　例 4.11 运行结果

② 编写事件代码。下面是该窗体中涉及的两个事件过程:

"确定"按钮的事件过程:

```
Private Sub Command1_Click()
  If Option1.Value = True Then
    Text1.FontName = "宋体"
```

```
    Else
      Text1.FontName = "黑体"
    End If
    If Option3.Value = True Then
      Text1.FontSize = 10
    Else
      Text1.FontSize = 20
    End If
    If Option5.Value = True Then
      Text1.ForeColor = RGB(255, 0, 0)
    Else
      Text1.ForeColor = RGB(0, 255, 0)
    End If
End Sub
```

"结束"按钮的事件过程：

```
Private Sub Command2_Click()
  Unload Me
End Sub
```

4.5　复　选　框

复选框（CheckBox）也称检查框。复选框在被选中时出现"√"号，当再被单击时消除复选框中的"√"号。使用此控件可以让用户选择 True/False 或 Yes/No。可在一组中放置多个复选框来显示多种选择，用户可以从中选择一个或多个；然而单选按钮每次只能选择一个，这是两者的不同之处。复选框常用的属性和事件与单选按钮基本相同，在此仅对差别之处进行介绍。

复选框的名称和标题默认为 Check1，Check2，Check3，…

复选框的 Value 属性取值为 0、1 或 2。其中：

0—— 表示没有选择该复选框；☐

1—— 表示选中该复选框；☑

2—— 表示该复选框被禁用，呈灰色显示。☑

对复选框无论选中（出现"√"号）还是不选中（"√"号消失），每单击一次都会触发 Click 事件，以"选"和"不选"响应。

【例 4.12】用复选框控制文本的显示方式。

程序中使用的控件及相关属性设置如表 4-3 所示。

表 4-3　例 4.12 程序中使用的控件

控 件	Name	Caption	Alignment	Value	Style
文本框	Text1	无	2	无	无
复选框	Check1	粗体字	1	True	0
复选框	Check2	斜体字	0	False	0
复选框	Check3		0	False	1
复选框	Check4	删除线	0	False	1

Text1 的 MultiLine 属性设置为 True，Check3 控件的 Picture 属性引用"下画线"图片。
编写如下的事件过程：

```
Private Sub Form_Load()
    Text1.FontName = "宋体"
    Text1.Text = "离离原上草，"+Chr(13)+Chr(10)+"一岁一枯荣。" + _
     Chr(13) +Chr(10) + "野火烧不尽，" + Chr(13)+Chr(10) +"春风吹又生。"
End Sub
Private Sub Check1_Click()
    If Check1.Value = 1 Then
        Text1.FontBold = True
    Else
        Text1.FontBold = False
    End If
End Sub
Private Sub Check2_Click()
    If Check2.Value = 1 Then
        Text1.FontItalic = True
    Else
        Text1.FontItalic = False
    End If
End Sub
Private Sub Check3_Click()
    If Check3.Value = 1 Then
        Text1.FontUnderline = True
    Else
        Text1.FontUnderline = False
    End If
End Sub
Private Sub Check4_Click()
    If Check4.Value = 1 Then
        Text1.FontStrikethru = True
    Else
        Text1.FontStrikethru = False
    End If
End Sub
```

程序运行结果如图 4-8 所示。

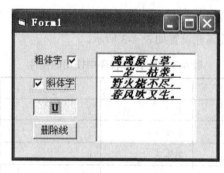

图 4-8 例 4.12 程序运行效果

【例 4.13】使用复选框列出休闲项目（见图 4-9），运行时把选择的项目用 msgbox 显示出来。

```
Public txt1 As String
Public txt2 As String
Public txt3 As String
Public txt4 As String
Private Sub Check1_Click()
    If Check1.Value = 1 Then
    txt1 = Check1.Caption
    End If
End Sub
Private Sub Check2_Click()
    If Check2.Value = 1 Then
    txt2 = Check2.Caption
    End If
End Sub
Private Sub Check3_Click()
    If Check3.Value = 1 Then
    txt3 = Check3.Caption
    End If
End Sub
Private Sub Check4_Click()
    If Check4.Value = 1 Then
    txt4 = Check4.Caption
    End If
End Sub
Private Sub Command1_Click()
    MsgBox "您的爱好是: " & vbCrLf & txt1 & vbCrLf & txt2 & vbCrLf &     txt3 &
vbCrLf & txt4
End Sub
```

图 4-9　例 4.13 程序运行效果

【例 4.14】应用单选按钮、复选框制作文本编辑器，如图 4-10 所示。

复选框代码如下：

```
Private Sub Check1_Click()
    If Check1.Value = 1 Then
        Text1.FontUnderline = True
    Else
        Text1.FontUnderline = False
    End If
End Sub
```

```
Private Sub Check2_Click()
    If Check2.Value = 1 Then
        Text1.FontItalic = True
    Else
        Text1.FontItalic = False
    End If
End Sub
Private Sub Check3_Click()
    If Check3.Value = 1 Then
        Text1.FontBold = True
    Else
        Text1.FontBold = False
    End If
End Sub
```

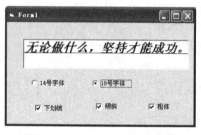

图 4-10　例 4.14 程序运行效果

单选按钮代码如下：

```
Private Sub Option1_Click()
    Text1.FontSize = 14
End Sub
Private Sub Option2_Click()
    Text1.FontSize = 18
End Sub
```

【例 4.15】设计如图 4-11 所示的窗体界面，设置 Text1 中文本的字体、字号和字形，要求字体和字号用控件数组实现。

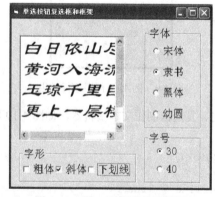

图 4-11　例 4.15 程序设计界面

程序代码如下：

```
Private Sub Check1_Click()
```

```
    If Check1.Value = 1 Then
       Text1.FontBold = True
    Else
       Text1.FontBold = False
    End If
End Sub

Private Sub Check2_Click()
    If Check2.Value = 1 Then
       Text1.FontItalic = True
    Else
       Text1.FontItalic = False
    End If
End Sub

Private Sub Check3_Click()
    If Check3.Value = 1 Then
       Text1.FontUnderline = True
    Else
       Text1.FontUnderline = False
    End If
End Sub

Private Sub Optzh_Click(Index As Integer)
    Text1.FontSize = Optzh(Index).Caption
End Sub

Private Sub Optzt_Click(Index As Integer)
    Text1.FontName = Optzt(Index).Caption
End Sub
```

运行效果如图 4-12 所示。

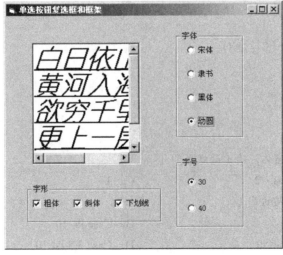

图 4-12　例 4.15 程序运行效果

习 题 4

一、选择题

1. 计算 z 的值，当 x 大于或等于 y 时，z=x；否则 z=y。下列语句错误的（　　）。

    A. If x>=y Then z=x: z=y
                  B. If x>=y Then z=x Else z=y

    C. z=y: If x>=y Then z=x
                   D. If x<y Then z=y Else z=x

2. 执行以下语句后显示结果为（　　）。

```
Dim x As Integer
If x Then Print x Else Print x-1
```

    A. 1   B. 0   C. -1   D. 不确定

3. 下列程序段的执行结果为（　　）。

```
X=2: Y=1
If X*Y<1 Then Y=Y-1 Else Y=-1
Print Y-X>0
```

    A. True   B. False   C. -1   D. 1

4. 下列程序段执行结果为（　　）。

```
x=5
y=-6
If Not x>0 Then x=y-3 Else y=x+3
Print x-y; y-x
```

    A. -3 3   B. 5 -9   C. 3 -3   D. -6 5

5. 以下程序段运行时从键盘上输入字符"-"，则输出结果为（　　）。

```
op=InputBox("op=")
If op="+" Then a=a + 2
If op="-" Then a=a - 2
Print a
```

    A. 2   B. -2   C. 0   D. +2

6. 编写如下事件过程：

```
Private Sub Form_Click()
    k=2
    If k>=1 Then A=3
    If k>=2 Then A=2
    If k>=3 Then A=1
    Print A
End Sub
```

    程序运行后，单击窗体，输出的结果为（　　）。

    A. 1   B. 2   C. 3   D. 出错

7. 以下 Case 语句中错误的是（　　）。

    A. Case 0 To 10   B. Case Is>10

    C. Case Is>10 And Is<50   D. Case 3,5,Is>10

8. 在窗体上画一个命令按钮，名称为 Command1，然后编写如下事件过程：

```
Private Sub Command1_Click()
```

```
    Dim i As Integer, x As Integer
      For i = 1 To 6
        If i = 1 Then x = i
        If i <= 4 Then
            x = x + 1
        Else
            x = x + 2
        End If
      Next i
      Print x
  End Sub
```

程序运行后，单击命令按钮，其输出结果为（   ）。

   A. 9   B. 6   C. 12   D. 15

9. 在窗体上画一个名称为 Command1 的命令按钮，然后编写如下事件过程：

```
    Private Sub Command1_Click()
        x=InputBox("Input")
        Select Case x
            Case 1,3
                Print "分支 1"
            Case Is >4
                Print "分支 2"
            Case Else
                Print "Else 分支 "
        End Select
    End Sub
```

程序运行后，如果在输入对话框中输入 2，则窗体上显示的（   ）。

   A. 分支 1   B. 分支 2   C. Else 分支   D. 程序出错

10. 下面程序段执行结果为（   ）。

```
    x=Int(Rnd() + 4)
    Select Case x
        Case 5
            Print "excellent"
        Case 4
            Print "good"
        Case 3
            Print "pass"
        Case Else
            Print "fail"
    End Select
```

   A. excellent   B. good   C. pass   D. fail

二、编程题

1. 编写一个程序，用 InputBox 函数输入 3 个数，选出其中的最大数和最小数，显示于窗体上。

2. 编写程序，任意输入一个整数，判定该整数的奇偶性。

3. 编写程序，键盘输入 a,b,c 的值，判断它们能否构成三角形的 3 个边，如果能构成一个三角形，则计算三角形的面积。

第 5 章　循环结构设计

5.1　循环结构程序设计概述

人们在使用计算机处理问题时，有时需要对相同的操作多次重复地执行。这种对相同操作可能重复执行多次的问题就需要用循环结构来解决。

例如：

① 将 100 名学生的成绩输出（需要执行 100 次输出成绩的语句）；

② 求 $s=1+2+3+...+100$（要把 1～100 各数逐个地累加到变量 s 中，共执行 100 次循环，每次加一个数 i，i 由 1 增加到 100）；

③ 求 n 的阶乘 p（要把 1 到 n 逐个地累乘到变量 p 中，共执行 n 次循环，每次乘一个数 i，i 由 1 增加到 n）；

④ 求 100 个学生的平均成绩（执行 100 次循环，每次将一个学生的成绩累加到成绩总分变量 Total 中。在执行完循环后，将得到的总分除以 100 就可得平均分数）；

⑤ 将 1～100 之间的奇数（1，3，5，...）顺序累加，直到其和等于或大于 100 为止。

Visual Basic 提供了直接实现循环的语句，共 3 种循环结构。

① For-Next 循环结构：是解决循环次数已知的问题的最佳循环结构；

② While-Wend 循环结构：属于先判断后执行的当型循环结构；可以解决任何循环结构的问题，但解决循环次数已知的问题时，代码量比用 For-Next 循环结构的多；

③ Do-Loop 循环结构：循环结构比较灵活，既有先执行后判断的当型结构；又有先判断后执行的直到型结构。可以解决任何循环结构的问题，但解决循环次数已知的问题时，代码量比用 For-Next 循环结构的多。当循环体至少被执行一次时，可以使用先执行后判断的循环结构，比使用先判断后执行结构少判断一次，执行效率提高。

在下面几节中分别介绍这 3 种循环结构。

5.2　For-Next 循环结构

程序设计中的循环结构（简称循环）是指在程序中，从某处开始有规律地反复执行某一操作块（或程序块）的现象。被重复执行的该操作块（或程序块）称为循环体，循环体的执行与否及次数多少视循环类型与条件而定。无论何种类型的循环结构，其共同特点是：必须确保循环体的重复执行能被终止（即非无限循环）。

For-Next 循环是指按指定次数执行循环体，它在循环体中使用一个循环变量（计数器），每重复一次循环后，循环变量的值就会自动增加或者减少。如果已知循环次数，则用 For-Next 循环最为方便。

5.2.1　For-Next 循环的格式

1．一般格式

For-Next 循环指由 For 语句、Next 语句和循环体 3 者构成的循环结构：

```
For   循环变量=初值  To  终值  ［Step  步长］
      ［循环体］
       ［Exit For］
Next  ［循环变量］
```

例如：

```
For   i=1  To  10  Step  2
    Print  i ,
Next  i
```

2．说明

① For 语句称为"循环起始语句"或"循环说明语句"，它的作用是确定循环变量的值从哪到哪如何变化，从而控制循环的次数。上例中 i 是循环变量，它的值在执行循环过程中是变化的，它的初值为 1，指定的终值为 10，变化的步长为 2。

② Next 语句是"循环终端语句"，它的作用是标志循环的范围，每执行一次 Next 语句，循环变量的值就按指定的步长增加。上例中 i 由初值 1，每次增加 2，依次取值为 3、5、7、9。

③ 在 For 语句和 Next 语句之间的语句块就是循环体。循环体是需重复执行的语句，可以由一条或多条语句构成，多条语句可以写在多行也可以写在一行，如写在一行，则各语句之间用冒号分隔，形成语句组。

④ Exit For 子句的功能是退出 For 循环。

3．注意

① For 语句与 Next 语句必须成对出现，缺一不可，且 For 语句中的"循环变量"与 Next 语句中的"循环变量"必须是同一变量。

② For 语句必须在 Next 语句之前。

③ 循环变量也称循环控制变量，是一个数值型简单变量。

④ 初值、终值和步长可以为数值型的常量、变量、函数或算术表达式。如果步长为 1，则"Step 1"可以省略。

⑤ 在不会引起混乱的情况下，可以省略 Next 后面的循环变量。例如：

```
For i = l To 5
    Print i
Next
```

⑥ 当内外循环有相同的终点时，可以共用同一个 Next 语句，此时 Next 后面的循环变量名不能省略，且顺序为由内到外，以逗号分隔。例如：

```
For i = l To 5
    For j=10 To 20
       ...
Next j,i
```

5.2.2　For-Next 循环的执行过程

1．执行过程

如果有以下循环：

```
For  i = a  To  b  Step  c
    循环体
Next  i
```

在执行此循环时，按以下步骤进行：

① 先计算初值 a、终值 b 和步长 c 的值；

② 循环变量 i 取得初值 a；

③ 将 i 的值与终值 b 比较，如果 i 在变化的方向未超出终值 b，则接着执行（4）～（6）步骤，否则直接执行步骤（7）；

④ 执行循环体；

⑤ 遇 Next 语句，循环变量 i 按步长 c 增值，即（i=i+c），此时循环变量 i 的值已发生了变化（由一个新值取代了原来的值），"Next i" 就是 "取下一个 i 值" 的意思；

⑥ 返回步骤（3）；

⑦ 结束循环，接着执行 Next 语句的下一条语句。

2．说明

① 循环变量初值、终值和步长可以是正值、负值或零，可以是整数或小数。当步长为零时，循环永不终止。因为循环变量始终不改变，始终等于初值，而不会超过终值，构成死循环，这是编程时应该避免出现的情况。

② 所谓 "超出终值" 是指 "沿循环变量变化的方向超出终值"。当步长为正时，循环变量变化的方向是由小到大，此时 "超出" 就意味着 "大于"。例如 For i=-10 To 0 Step 1，循环变量 i 要变化到大于 0，循环才告终止。而当步长为负时，如对于 For i=10 To 0 Step –1，循环变量变化的方向是由大到小，此时，"超出" 意味着沿大到小方向超过终值，也就是 "小于"。

归纳起来：当步长为正时，循环变量必须大于终值才使循环终止。

当步长为负时，循环变量必须小于终值才使循环终止。

③ 终止循环条件是 "循环变量的值超出终值"，而不是 "循环变量的值等于终值"。

例如：

```
For i=1 To 3 Step 1
   Print i
Next i
```

分析一下执行过程：开始时 i 的值为 1，由于 1 小于终值 3，故应执行一次循环体，输出 i 的当前值 1。然后执行 Next 语句，i 的值变为 2。由于 i<3，因此又执行一次循环体，输出 i 的当前值 2，然后又遇 Next 语句，使 i 的值变为 3。由于 i 不大于终值 3，因此还应执行一次循环体，输出 i 的当前值 3。然后又执行 Next 语句，i 又变化为 4。由于 i 大于终值 3，故不应再执行循环体了。一共执行了 3 次循环体，每次循环中的情况见表 5-1。

有不少人误认为 "当循环变量的值等于终值" 时就结束循环过程，这是不正确的。循环变量等于终值时还要执行一次循环体，直到 "超过" 终值时才终止循环过程，这一点千万注意。

表 5-1　For-Next 循环执行示例

第几次循环	循环开始时 i 的值	执行 Next 之后 i 的值	i 与终值相比	执行下一次循环否
1	1	2	<3	执行
2	2	3	=3	执行
3	3	4	>3	停止执行

④ 循环变量的作用主要是用来对循环进行控制，根据它的值决定何时终止循环过程。循环变量可以在循环体中被引用，也可以不在循环体中出现。例如：

```
For i= 1 To 5
    Print  3;
Next  i
```

运行结果如图 5-1 所示。

在这里循环变量 i 只用来控制循环次数，共执行 5 次循环。

⑤ 当循环变量的值在循环体中没有被改变时，循环的次数可以直接从 For 语句中指定的参数计算出来：

循环次数=（终值-初值）/步长+1

图 5-1　简单循环运行结果

5.2.3　For-Next 循环举例

【例 5.1】顺序将 10 个学生的成绩输入并输出（用 For-Next 循环结构实现）。

程序如下：

```
Private Sub Form_Click()
    Dim s As Integer,i As Integer
    For i=1 To 10
        s=Val(InputBox("请输入学生成绩"))
        Print s
    Next  i
End Sub
```

程序共执行 10 次，每次先输入一个数给 s，然后输出该值。用 For 语句指定循环次数。

【例 5.2】求 1+2+3+...+100（用 For-Next 循环结构实现）。

程序如下：

```
Private Sub Command1_Click()
    Dim s As Integer,i As Integer
    s=0
    For i=1 To 100
        s=s+i
    Next i
    Text1.Text=s
End Sub
```

程序要把 1 到 100 各数逐个地加到变量 s 中，共执行 100 次循环，每次加一个数 i，i 由 1 增加到 100。用 For 语句指定循环次数。运行结果如图 5-2 所示。

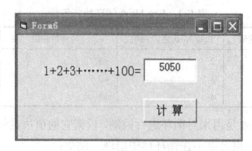

图 5-2　加法循环结果

【例 5.3】求 n 的阶乘（用 For-Next 循环结构实现）。

程序如下：

```
Private Sub Form_Click()
    Dim i As Integer, f As Long
    Dim n As Integer
    n = InputBox("输入一个自然数", "输入提示", "10") ' 得到输入的值 n
    f = 1              ' 必须为变量 f 赋值 1
    For i = 1 To n   ' For 循环，每次为循环变量 i 加 1
      f = f * i
    Next i
    Print n; "!="; f ' 计算结束，变量 f 的值即为所求
End Sub
```

把 1 到 n 逐个地乘到变量 f 中，共执行 n 次循环，每次乘一个数 i，i 由 1 增加到 n。程序执行过程如图 5-3 所示。

图 5-3　例 5.3 程序执行过程

【例 5.4】给一个正整数 n（n≥2），用 For-Next 循环结构判断它是否是素数（即质数）。

判断 n 是否为素数，要把 n 被 2 到 n 的平方根之间的每一个整数除，如果都除不尽，n 就是素数，否则 n 是非素数。因此循环的初值、终值、步长是已知的（即循环次数为已知的）。

程序可编写如下：

```
Private Sub Form_Click()
    Dim n As Integer,i As Integer,k As Integer
    Dim flag  As Integer
    n=Val(InputBox("请输入正整数 n"))
    k = Int(SQR(n))
    flag = 0
    For i = 2 To k
        If n MOD i = 0 Then flag = 1:Exit For
    Next i
    If flag = 0 then
```

```
        Print n; "是一个素数 "
    Else
        Print n; "不是一个素数 "
    End If
End Sub
```
程序执行过程如图 5-4 所示。

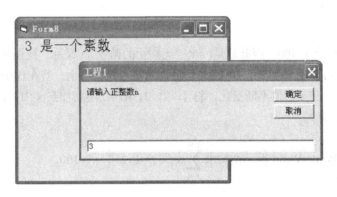

图 5-4　例 5.4 程序执行过程

5.3　While-Wend 循环结构

前面介绍了 For-Next 循环，它适合解决循环次数事先能够确定的问题。对于只知道控制条件，但不能预先确定需要执行多少次循环体的情况，可以使用 While-Wend 循环。

While-Wend 循环是最容易理解的、使用广泛的一种当型循环结构。While-Wend 循环结构必须以 While 语句开头，以 Wend 作为结束标志。Wend 是 While　End 的缩写，表示 "While 循环到此结束"。

While-Wend 循环的一般格式为：

```
While   条件
    [语句块]
Wend
```
"条件"可以是关系表达式或逻辑表达式，甚至可以是一个常数，例如：

```
While   1
    Print   "true"
Wend
```
Visual Basic 将一切非零的数都视作"真"，因此输出"true"。

While 循环语句的执行过程是：

① 遇到 While 语句时，先对 "条件" 求值（如对关系表达式或逻辑表达式求值），判断条件为 "真" 或 "假"。

② 如果条件为 "真"，则执行 While 与 Wend 之间的语句块，然后再检查上述条件是否为 "真"，如为 "真" 则再执行一次 While 与 Wend 间的语句块。以上过程反复进行到某一次条件为 "假" 时为止。

③ 如果条件为 "假"，则不执行 While 与 Wend 之间的语句，直接跳到 Wend 处出口（脱离循环），接着执行 Wend 下面的一条语句。

While 与 Wend 之间的语句块称为"循环体"。

在使用 While 循环时，应注意务必使"条件"最终变成"假"，这样才能使循环终止，否则循环将永无休止地进行下去。例如：

```
s=0
i=1
While   i<=100
        s=s+i
Wend
```

由于 i 的值始终小于 100，因此这是一个"无终止的循环"（又称"死循环"）。如果在程序运行时遇到死循环，可以用【CTRL+BREAK】组合键使之强制终止。若在程序循环体内加上语句"i=i+1"的作用是：使 i 的值不断变化，将 1，2，3，4，…不断加到 s 中去，i 的值最终会大于100，从而使循环结束。

【例 5.5】用 While-Wend 循环结构求 $\sum\limits_{s=1}^{100} s$;即 $S=1+2+3+\ldots+100$。

程序如下：

```
Private Sub Form_Click()
    Dim s As Integer,i As Integer
    s=0
    i=1
    While i<=100
        s=s+i
        i=i+1
    Wend
    Print s
End Sub
```

运行结果为：

```
5050
```

s 用来存放各个瞬时的累加和。i 的原值为 1，每执行一次循环 i 的值加 1。直到 i>100 为止，此时不再执行循环。与例 5.2 相比，可以发现，已知循环次数用 For-Next 循环结构比用 While-Wend 循环结构简单。

【例 5.6】给定一个正整数 n（n≥2），用 While-Wend 循环结构判断它是否为素数。

分析：循环进行的条件是：i≤k 和 flag=0，因为在 i>k 时，显然不必再去检查 n 是否能被整除，此外如果 flag=1，就表示 n 已被某一个数整除过，肯定是非素数无疑，也不必再检查了。只有 i≤k 和 flag=0 两者同时满足才需要继续检查。循环体只有一个判断操作：判断 n 能否被 i 整除，如不能，则执行 i=i+1，即 i 的值加 1，以便为下一次判断作准备。如果在本次循环中 n 能被 i 整除，则令 flag=1，表示 n 已被确定为"非素数"了，这样就不再进行下一次的循环了。如果 n 不能被任何一个 i 整除，则 flag 始终保持为 0。因此，在结束循环后根据 flag 的值为 0 或 1，分别输出 n 是素数或非素数的信息。

根据流程图可以编写出程序：

```
Private Sub Form_Click()
    Dim n As Integer,k As Integer
```

```
Dim i As Integer
Dim flag As Integer
n=Val(InputBox("请输入 n"))
k=Int(SQR(n))
i=2
flag=0
While  i<=k AND flag=0
    If n MOD i=0 Then flag=1 Else  i=i+1
Wend
If flag=0  Then
    Print n; "  is a prime number . "
Else
    Print n; "  is not a prime number . "
End If
End Sub
```

当分别输入 17，34 时，运行结果如图 5-5 所示。

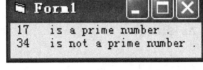

图 5-5　判断是否为素数运行结果

【例 5.7】给出两个正整数，求它们的最大公约数。

求最大公约数可以用"辗转相除法"，也称欧几里得法。例如求 27 和 18 的最大公约数：

① 将 27 作为被除数，18 作为除数，相除后余数为 9。

② 再将原来的除数 18 作为被除数。原来的余数 9 作为除数，相除后得到余数为 0。

③ 最后一次的除数 9 就是最大公约数。

解此题的算法如下：

以大数 a 作被除数，小数 b 作为除数，相除后余数为 r。

如果 r≠0，则将 b→a，r→b，再进行一次相除，得到新的 r。如果 r 仍不等于 0，则重复上面过程，直到 r=0 为止。此时的 b 就是最大公约数。

程序如下

```
Private Sub Form_Click()
    Dim a As Integer, b As Integer
    Dim t As Integer,r As Integer
    a=Val(InputBox("请输入 a"))
    b=Val(InputBox("请输入 b"))
    Print "a="; a
    Print "b="; b
    If a<b Then t=a:a=b:b=t    '如果 a 小于 b，则交换，保证 a 大于 b
    r= a MOD b
    While  r<>0
        a=b
        b=r
        r=a MOD b
```

```
    Wend
    Print "H.C.F.="; b
End Sub
```
运行结果如图 5-6 所示。

图 5-6　求最大公约数运行结果

【例 5.8】如果我国工农业生产总值每年以 12%的速度增长，问多少年后产值翻一番。假设我国今年的产值为 100。

分析：先算出第一年后的产值，看它是否达到 200，如果未达到，再算第二年后的产值，看它是否达到 200，如未达到，再计算第 3 年后的产值……一直到某年后的产值达到或超过 200 为止。

程序如下：

```
Option Explicit
Private Sub Form_Click()
    Dim p As Single,r As Single
    Dim n As Integer
    p=100
    r=.12
    n=0
    While p<200
        p=p*(1+r)
        n=n+1
    Wend
        Print n; "years ", "p= ";p
End Sub
```
运行结果如图 5-7 所示，即经过 7 年，产值为 221.0681。

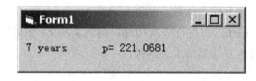

图 5-7　例 5.8 程序运行结果

变量 n 的作用是累计年数，每经历一年 n 的值加 1，表示"又过了一年"。

5.4　Do-Loop 循环结构

除了 For-Next 循环结构和 While-Wend 循环结构外，Visual Basic 还提供了 Do-Loop 循环结构，它有 2 种语法形式。

格式 1：

```
Do  {While|Until}  <条件>
  [<循环体>]
```

```
Loop
```

格式 1 是先判断，后执行，其执行过程如图 5-8、图 5-9 所示。

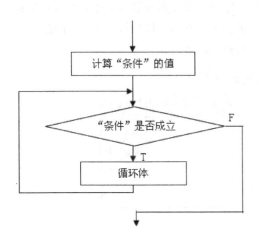

图 5-8　Do While……Loop 执行流程

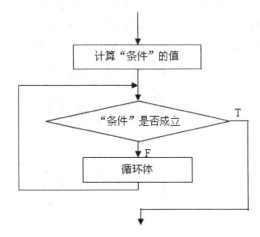

图 5-9　Do Until……Loop 执行流程

格式 2：

```
Do
    [<循环体>]
Loop {While|Until} <条件>
```

格式 2 是先执行，后判断，其执行过程如图 5-10、图 5-11 所示。

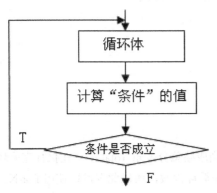

图 5-10　Do……Loop While 执行流程

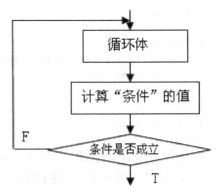

图 5-11　Do……Loop Until 执行流程

【例 5.9】累加器程序。要求把从键盘输入的各数据依次累加，每次累加后应显示出当时的累加和。它如同使用计算器一样，可用于运动会累计分数或商店累计营业额等。

可以编写出以下程序：

```
Private Sub Form_Click()
    Dim x As Single,sum As Single
    sum = 0
    Do
        x=Val(InputBox("请输入 x"))
        sum = sum + x
        Print "sum is ";sum
    Loop
```

```
    Print "end"
End Sub
```

从程序运行情况可以看到：从键盘输入一个数后，便把它累加到变量 sum 中，并显示出 sum 的当前值（即当前的累加和），结果如图 5-12 所示。但由于没有指定循环终止条件，因此循环不会自动终止，必须用人工方法使之强迫终止，这是非常糟糕的事情。

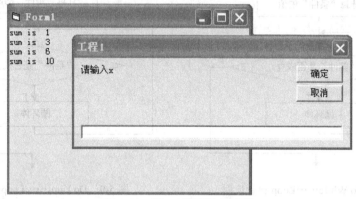

图 5-12　例 5.9 程序执行过程

【例 5.10】求 5 个学生的平均成绩。

程序如下：

```
Private Sub Form_Click()
    Dim s As Integer,i As Integer,Total As Integer
    Total=0
    i=1
    Do While i<=5
        s=Val(InputBox("请输入学生成绩"))
        Total=Total+s
        i=i+1
    Loop
    Print Total/5
End Sub
```

该程序循环了 5 次，每次将一个学生的成绩累加到成绩总分变量 Total 中。在执行完循环后，求出 5 名学生的总分并除以 5，可得平均分。由于已知循环次数，所以此题可以使用 For-Next 循环结构实现。

【例 5.11】将 1~100 间各奇数（1，3，5，7，…）顺序累加，直到其和等于或大于 100 为止。要求输出已实行累加的奇数，共加了多少个数，以及累加和。

程序如下：

```
Private Sub Form_Click()
    Dim i As Integer,n As Integer,sum As Integer
    sum=1
    i=3
    n=1
    Print 1;
    Do Until sum>=100
        sum=sum+i
        Print "+" ; i;
```

```
        i=i+2
        n=n+1
    Loop
    Print
    Print "sum=";sum,"n= ";n
End Sub
```

运行结果如图 5-13 所示。

```
Form1                                    _ □ ×
1 + 3 + 5 + 7 + 9 + 11 + 13 + 15 + 17 + 19
sum= 100  n = 10
```

图 5-13　例 5.11 程序运行结果

结果表明：已实行累加的奇数为 1、3、5、7、9、11、13、15、17、19 共 10 个数，此时累加和为 100。变量 sum 用来存放累加和。变量 i 是被加的奇数，初值为 3，每次加 2，n 是统计已加的次数，n=10 表示已加了 10 个数。

5.5　嵌套的循环结构

在一个循环体内又完整地包含另一个循环，称为循环的嵌套。前面介绍的几种类型的循环可以互相嵌套。例如一个 For-Next 循环中可以包含一个 Do-Loop 循环，一个 While-Wend 循环中也可以包含一个 For-Next 循环。内外循环之间不得交叉，允许从循环体内转移到循环体外，但不允许从循环体外转到循环体内。但无论从循环体内转向循环体外，或是从循环体外转到循环体内，在结构化程序设计中都不宜使用。

Exit Do 子句用于强制结束 Do-Loop 循环，当有多个 Do-Loop 循环嵌套时，只跳出该语句所在的最内层循环并执行对应 Loop 之后的语句。同理，Exit For 子句用于强制结束 For-Next 循环，当有多个 For-Next 循环嵌套时，只跳出该语句所在的最内层循环并执行对应 Next 之后的语句。

当 Do-Loop 循环与 For-Next 循环嵌套使用时，如果 Exit Do 子句处于 Do-Loop 循环中的 For-Next 循环中，Exit Do 子句同时会跳出 For-Next 循环。同理，如果 Exit For 处于 For-Next 循环内的 Do-Loop 循环中，程序不但跳出当前的 For-Next 循环，而且会跳出正在执行的处于 For-Next 循环内部的 Do-Loop 循环。

当程序中有控制结构的互相嵌套时，其执行流程仍严格按照每个控制结构既定的流程进行。下面以两重 For-Next 嵌套为例，演示循环嵌套时的执行流程。多重嵌套的道理是相同的。

【例 5.12】打印出乘法九九表。

"九九表"是一个 9 行 9 列的二维表，行和列都要变化，而且在变化中互相约束。

程序如下：

```
Private Sub Form_Click()
    Dim i As Integer,j As Integer
    FontSize = 12
    Print Tab(25); "九九乘法表"
    Print
```

```
   Print "*";
   For i = 1 To 9
      Print Tab(i * 6); i;
   Next i
   Print
   For i = 1 To 9
      Print i;
      For j = 1 To i
         Print _ Tab(j * 6); i * j;
      Next j
      Print
   Next i
End Sub
```

程序运行后，先打印表名，再打印表头，然后执行打印"九九表"的双重循环，运行结果如图 5-14 所示。

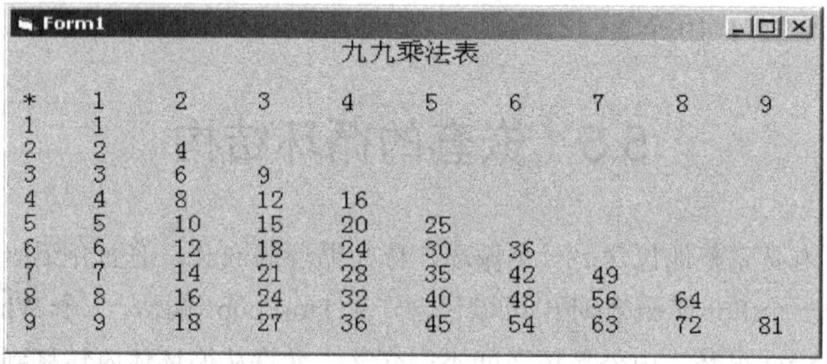

图 5-14　打印出乘法九九表

【例 5.13】找出 100～200 之间的全部素数。

要判定 100～200 间各数是否为素数，只需依次对 100～200 各数进行测试即可。很容易想到，再加一层循环（使 n 由 100 变到 200）即可。

程序可写为：

```
Private Sub Form_Click()
   Dim n As Integer,i As Integer,k As Integer,flag As Integer
   For  n = 101  To  200  Step  2
      k = Int(SQR(n))
      i= 2
      flag=0
      While  i<=k  AND  flag=0
         If  n MOD i =0  then
            flag=1
         Else
            i=i+1
         End If
      Wend
      If flag=0  Then  Print  n,
   Next n
End Sub
```

习 题 5

1. 设有如下程序段:

```
x=2
For i=1 To 10 Step 2
    x=x+i
Next
```

运行以上程序后，x 的值为（　　）。

A. 26　　　　　　B. 27　　　　　　C. 38　　　　　　D. 57

2. 下列程序段的执行结果为（　　）。

```
N=10
For K=N TO 1 Step-1
    X=Sqr(K)
    X=X-2
Next K
Print X-2
```

A. -3　　　　　　B. -1　　　　　　C. 1　　　　　　D. 1.16227765

3. 下列程序段的执行结果为（　　）。

```
a=6
For k=1 To 0
    a=a + k
Next k
Print k; a
```

A. -1 6　　　　　B. -1 16　　　　　C. 1 6　　　　　D. 11 21

4. 下列程序段的执行结果为（　　）。

```
a=1:b=1
For I=1 To 3
    f=a + b
    a=b
    b=f
    Print f;
Next I
```

A. 2 3 6　　　　　B. 2 3 5　　　　　C. 2 3 4　　　　　D. 2 2 8

5. 在窗体上画一个名称为 Text1 的文本框和一个名称为 Command1 的命令按钮，然后编写如下事件过程：

```
Private Sub Command1_Click()
    Dim i As Integer, n As Integer
    For i= 0 TO 50
        i=i+3
        n=n+1
        If i>10 Then Exit For
    Next
    Text1. Text=Str(n)
End Sub
```

程序运行后，单击命令按钮，在文本框中显示的值为（　　）。

A. 2   B. 3   C. 4   D. 5

6. 在窗体上画一个命令按钮，名称为 Command1，然后编写如下事件过程：

```
Private Sub Command1_Click()
    Dim i As Integer, x As Integer
        For i = 1 To 6
            If i = 1 Then x = i
            If i <= 4 Then
                x = x + 1
            Else
                x = x + 2
            End If
        Next i
        Print x
    End Sub
```

程序运行后，单击命令按钮，其输出结果为（   ）。

A. 9   B. 6   C. 12   D. 15

7. 设有如下程序：

```
Private Sub Form_Click()
a = 1
For i = 1 To 3
    Select Case i
        Case 1, 3
            a = a + 1
        Case 2, 4
            a = a + 2
    End Select
Next i
Print a
End Sub
```

程序运行后，单击窗体，则在窗体上显示的内容为（   ）。

A. 6   B. 5   C. 4   D. 3

8. 下列程序段的执行结果为（   ）。

```
N=0
For I=1 To 3
    For J=5 To 1 Step-1
        N=N+1
    Next J
Next I
Print N;J;I
```

A. 12   0   4   B. 15   0   4

C. 12   3   1   D. 15   3   1

9. 下列程序段的执行结果为（   ）。

```
A=0:B=0
For I= -1 TO -2 Step -1
    For J=1 TO 2
        B=B+1
    Next J
```

```
        A=A+1
    Next I
    Print A;B
```
A. 2　4　　　　　　　B. -2　2　　　　　　　C. 4　2　　　　　　　D. 2　3

10. 在窗体上画一个名称为 Command1 的命令按钮,然后编写如下事件过程:

```
Private Sub Command1_Click()
    x=0
    n=InputBox("")
    For i= 1 To n
        For j = 1 To i
            x = x +1
        Next j
    Next i
    Print x
End Sub
```

程序运行后,单击命令按钮，如果输入 3，则在窗体上显示的内容为（　　　　）。

A. 3　　　　　　　　B. 4　　　　　　　　C. 5　　　　　　　　D. 6

第6章 常用控件

在应用软件的开发过程中，用户界面的设计所占比重很大，用户界面友好是程序设计的基本要求。在可视化编程语言中，构成界面的基本元素是控件。Visual Basic 在工具箱中提供了二十多个 Windows 常用标准控件。其中，标签、文本框、命令按钮、单选按钮和复选框等控件已经在前面介绍了，本章介绍如何使用其他标准控件。

6.1 图像框与图片框

图像框控件（Image）与图片框控件（PictureBox）主要用于在窗体的指定位置显示图形信息。VB 6.0 支持.BMP、.ICO、.WMF、.EMF、.JPG、.GIF 等格式的图形文件。

6.1.1 图像框

图像框（Image）控件是一个简化的图形控件，利用它可以显示保存的图片数据，但是无法在上面进行绘图操作。所以，图像框适用于静态情况，即不需要再修改的位图、图标、Windows 元文件及其他格式的图形文件。图像框不能作为父控件，也不能通过 Print 方法显示文本信息。但是图像框可以放大或缩小显示一个现有的图形。

1. 图像框的属性

前面介绍过的大多数属性同样适用于图像框控件。如：字体的属性、控件位置属性以及 Visible 和 Enabled 等。除此之外它还有其他几个常用属性，如表 6-1 所示。

表 6-1　图像框的属性

属　性	含　义
Name	图像框的名称。默认为 Image1，Image2，Image3，…
Picture	该属性适用于图片框、图像框和窗体控件。通过它可以加载图形文件。图形文件可以是 Bitmap（位图）、Icon（图标）、Metafile（图元文件）、JPEG 或 GIF 格式
Stretch	该属性可以用来自动调整图像框中图形内容的大小。取值为 True 时，加载图形后，缩放图片显示的大小使其符合图像框的大小；取值为 False（默认）时，加载图形后，将图像框的大小改变成图形的大小

2. 图形文件的装入

图像框内的图形文件可以在设计阶段装入，也可以在运行阶段装入。在设计阶段装入主要有两种方法：

① 利用 Picture 属性加载。首先选中要加载图片的图像框，使其处于激活状态；然后在其属性窗口中找到 Picture 属性，单击右端的"…"按钮，弹出"加载图片"对话框。在对话框中选择

加载图形文件的类型及所在目录，选中加载文件，单击"打开"按钮即可完成图形文件装入。

② 利用剪贴板把图形粘贴到图像框内。首先找到要加载的图形文件，将其拷贝到剪贴板上；然后选中要加载图片的图像框，使其处于激活状态，执行粘贴（Ctrl+V）命令即可。

在运行阶段可以利用 LoadPicture 函数完成图片的加载。LoadPicture 函数的格式为：

[对象.]Picture = LoadPicture("图形文件名")

当使用 LoadPicture 函数加载图形时，将覆盖图像框内原有图形。另外，还要保证能够按照指定的路径找到相应的图形文件，否则程序运行时会出错。若 LoadPicture 函数不带参数，则可以对图像框内原有的图片进行删除。例如：

```
Image1.Picture = LoadPicture("d:\vb\Graphics\001.jpeg") '加载图形
Image1.Picture = LoadPicture()  '删除原有图形
```

【例 6.1】在窗体中加入 2 个图像框和 2 个命令按钮。属性设置见表 6-2。

表 6-2　程序中使用的控件

控件	Name	Caption	Stretch
命令按钮	Command1	装载图片	无
命令按钮	Command2	删除图片	无
图像框	Image1	无	1
图像框	Image2	无	1

编写命令按钮的事件过程如下：

```
Private Sub Command1_Click()
    Image1.Picture = LoadPicture("d:\11.jpg")
    Image2.Picture = LoadPicture("d:\22.jpg")
End Sub

Private Sub Command2_Click()
    Image1.Picture = LoadPicture()
    Image2.Picture = LoadPicture()
End Sub
```

程序运行后，单击"装载图片"按钮，将分别在两个图像框中加入图片，单击"删除图片"按钮，图像框中的图片将被删除。程序运行结果如图 6-1 所示。

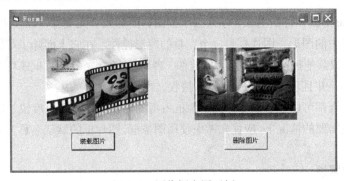

图 6-1　图像框应用示例

【例 6.2】在窗体中建立一个图像框 Image1，两个命令按钮 TRUE 和 FALSE。要求按下"TRUE"按钮后，Image1 的 Stretch 属性为 TRUE，然后显示变形的图像，如图 6-2 所示；按下

"FALSE" 按钮后，Image1 的 Stretch 属性值为 FALSE，显示一幅正常的图像，如图 6-3 所示（假设图像文件为"d:\11.jpg"）。

图 6-2　例 6.2 程序图像框窗体设计

图 6-3　例 6.2 程序运行效果

设计界面，在窗体上添加两个命令按钮和一个图像框控件，并设置其属性。

程序代码如下：

```
Private Sub Command1_Click()
    Image1.Picture = LoadPicture()
    Image1.Stretch = True
    Image1.Picture = LoadPicture("d:\11.jpg")
End Sub

Private Sub Command2_Click()
    Image1.Picture = LoadPicture()
    Image1.Stretch = False
    Image1.Picture = LoadPicture("d:\11.jpg")
End Sub
```

只有先按下"TRUE"按钮，才会出现上述效果。若先按下"FALSE"按钮，再按下"TRUE"按钮，则显示图形均为正常，想一想，为什么？

6.1.2　图片框

图片框（PictureBox）可以用来显示来自于位图、图标或者元文件，以及来自增强的元文件、JPEG 或 GIF 文件中的图形。图片框是一个完整的图形控件，在它上面除了可以显示保存的图片数据外，还可以摆放其他控件，可以作为父控件（容器）。除此之外图片框还可以通过各种绘图方法在其上绘制图形，并且可以通过 Print 方法接收文本。

图片框和图像框都可以显示图形，但图像框占用的内存少，显示速度快。所以，在用图像框和图片框都能满足需要的情况下，应优先考虑使用图像框。图片框的默认名称为 Picture1，Picture2，Picture3，…

1. 图片框的属性

前面提到的图像框的属性大都适用于图片框。但是 Stretch 属性只适用于图像框，图片框不具备该属性。另外图片框还有一组常用属性 CurrentX 和 CurrentY。该组属性只能在运行期间使用，用来设置输出信息的坐标。其格式为：

```
[对象.]CurrentX[=x]
[对象.]CurrentY[=y]
```

其中"对象"除了可以是图片框外，还可以是窗体和打印机。x 和 y 表示横纵坐标值。

2．图形文件的装入

图片框的图形文件装入和图像框完全相同，可以在设计阶段和运行期间完成图形文件的加载。

【例6.3】向图片框中加载图片，显示文本。

在窗体上放入 2 个图片框，2 个命令按钮和 1 个文本框。如图 6-4 摆放。

编写事件如下：

① Form_Load 事件对控件属性进行设置。

```
Private Sub Form_Load()
    Form1.Caption = "图片框应用"
    Command1.Caption = "装载图片"
    Command1.FontSize = 14
    Command2.Caption = "显示文本"
    Command2.FontSize = 14
    Text1.Text = ""
    Text1.FontName = "宋体"
    Text1.FontSize = 14
    Picture2.FontSize = 16
    Picture2.FontName = "隶书"
End Sub
```

② 编写命令按钮事件。

```
Private Sub Command1_Click()
    Picture1.Picture = LoadPicture("d:\11.gif")
End Sub
Private Sub Command2_Click()
    Picture2.Cls
    Picture2.CurrentX = 200
    Picture2.CurrentY = 300
    Picture2.Print Text1.Text
End Sub
```

程序运行后，单击"装载图片"按钮，将向图片框（Picture1）中加入一幅图片，单击"显示文本"按钮，将把文本框中输入的内容显示在图片框（Picture2）上。程序运行结果如图 6-5 所示。

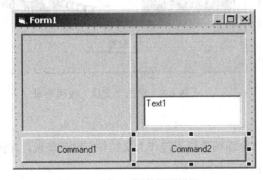

图 6-4　例 6.3 程序界面设计

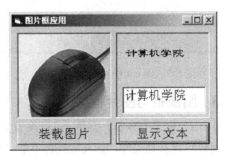

图 6-5　例 6.3 程序运行结果

【例 6.4】编程实现两幅图片位置的交换。

实现方法：同交换两个变量一样，设置 3 个 PictureBox 控件 Picture1、Picture2 和 Picture3，其中 Picture1、 Picture2 用于显示图片，Picture3 不可见（Visible=False）用于交换，如图 6-6 所示。

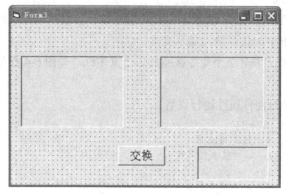

图 6-6　例 6.4 程序界面设计

程序代码如下：

```
Private Sub Form_Load()
    Picture1.Picture = LoadPicture("d:\11.jpg")
    Picture2.Picture = LoadPicture("d:\22.jpg")
End Sub
Private Sub Command1_Click()
    Picture3.Picture = Picture1.Picture
    Picture1.Picture = Picture2.Picture
    Picture2.Picture = Picture3.Picture
    Picture3.Picture = LoadPicture()        '清除第 3 张图片
End Sub
```

程序启动时和单击"交换"按钮后效果如图 6-7、图 6-8 所示。

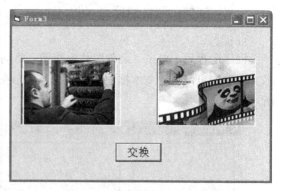

图 6-7　例 6.4 程序启动效果　　　　　　　图 6-8　单击"交换"按钮效果

6.1.3　图像框与图片框的区别

① 图片框是"容器"控件，可以作为父控件，而图像框不能作为父控件。也就是说，在图片框中可以包含其他控件，而其他控件不能"属于"一个图像框。

不难看出，窗体的显示可以分为 3 层：第一层是直接显示到窗体上的信息（如用图形或显示文本的方法所显示的信息），构成了底层；由图片框构成了中间层，图片框上的其他控件显示在顶层。

② 图片框可以通过 Print 方法接收文本，并可接收由像素组成的图形，而图像框不能接收用 Print 方法输入的信息。每个图片框都有一个内部光标（不显示），用来指示下一个将被绘制的点的位置，这个位置就是当前光标的坐标，通过 CurrentX 和 CurrentY 属性来记录。

③ 图像框比图片框占用的内存少，显示速度快。在用图片框和图像框都能满足需要的情况下，应优先考虑使用图像框。

图片框是一个"容器"，可以把其他控件放在该控件上，作为它的"子控件"。当图片框中含有其他控件时，如果移动图片框，则框中的控件也随着一起移动，并且与图片框的相对位置保持不变；图片框内的控件不能移到图片框外。

6.2 滚 动 条

滚动条是 Windows 应用程序设计中常用的控件，它可用来附在某个窗口上帮助观察数据或确定位置，也可以用来改变某个控件的显示范围或设置数值的大小取值。滚动条有垂直（VscrollBar）和水平（HscrollBar）两种，命名规则为 HsbX 或 VsbX，如 HsbShow 或 VsbShow。水平和垂直滚动条除方向不同外，其结构和操作均相同。

1．滚动条的结构

滚动条由 3 部分组成：两个滚动箭头和一个滚动框。如图 6-9 所示。

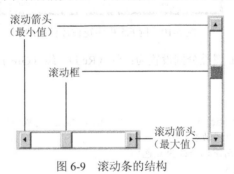

图 6-9　滚动条的结构

2．滚动条的属性

滚动条除了具备控件的一些标准属性（Height、Width、Top、Left、Visible、Enabled 等）之外，还有一些其他常用属性，如表 6-3 所示。

3．滚动条的事件

滚动条有两个重要事件：Change 事件和 Scroll 事件。

① Change 事件：发生在滚动条的值改变时，用来得到滚动框位置改变后滚动条的值。

② Scroll 事件：发生在当用鼠标拖动滚动框时，用来跟踪滚动条中的动态变化。

注意：当按下滚动条的空白部分，或是方向按钮的时候，Scroll 事件是不会发生的。所以通常可以把 Value 值改变时的处理程序写在 Change 事件中，而在 Scroll 事件中去调用 Change 事件过程。

表 6-3　滚动条的属性

属　性	含　义
Name	滚动条的名称。水平滚动条名称默认为 HScroll1，HScroll2，HScroll3，…垂直滚动条名称默认为 VScroll1，VScroll2，VScroll3，…
Max	该属性值是 Integer 类型，表示滚动条能表示的最大值。取值范围为-32768 ～ 32767。默认值为32767
Min	该属性值是 Integer 类型，表示滚动条能表示的最小值。取值范围为-32768 ～ 32767。默认值为0
Value	滚动框在滚动条上的当前位置。该属性值应在 Max 和 Min 之间，默认值为0
SmallChange	当按下滚动条两端的方向按钮时，Value 值的变化量
LargeChange	按下滚动条中非滚动框的空白区域时，Value 值的变化量

【例 6.5】利用滚动条移动设置文本框中文字的颜色。按下列步骤完成设计：

① 在窗体中添加 3 个标签，1 个文本框，3 个滚动条，如图 6-10 布局。

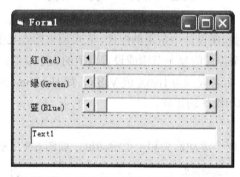

图 6-10　例 6.5 程序窗体控件摆放

② 将 3 个标签 Caption 属性分别设置为：红（Red）、绿（Green）和蓝（Blue）。其他控件属性按默认设置保持不变。

③ 编写事件过程如下：

```
Private Sub Form_Load()                ' Form_Load 完成控件属性设置
  Form1.Caption = "滚动条应用"
  Text1.Text = "利用滚动条改变颜色"
  HScroll1.Max = 255
  HScroll2.Max = 255
  HScroll3.Max = 255
  HScroll1.SmallChange = 2
  HScroll2.LargeChange = 10
End Sub
'3 个滚动条的 Change 事件
Private Sub HScroll1_Change()
  Text1.ForeColor = RGB(HScroll1.Value, HScroll2.Value, HScroll3.Value)
End Sub
Private Sub HScroll2_Change()
  Text1.ForeColor = RGB(HScroll1.Value, HScroll2.Value, HScroll3.Value)
End Sub
Private Sub HScroll3_Change()
  Text1.ForeColor = RGB(HScroll1.Value, HScroll2.Value, HScroll3.Value)
End Sub
```

```
'3个滚动条的 Scroll 事件
Private Sub HScroll1_Scroll()
  HScroll1_Change
End Sub
Private Sub HScroll2_Scroll()
  HScroll2_Change
End Sub
Private Sub HScroll3_Scroll()
  HScroll3_Change
End Sub
```

程序运行后，单击第一个滚动条（红）两端的按钮，滚动条所在位置以 2 为单位变化；单击第二个滚动条（绿）空白区域，滚动条所在位置以 10 为单位变化。3 个滚动条的最大取值为 255。当改变滚动条的值时，文本框中文本的颜色就会发生变化。程序运行结果如图 6-11 所示。此时，文本颜色呈蓝色显示。

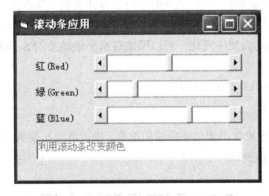

图 6-11　滚动条改变文本框中文字颜色

【例 6.6】利用滚动条改变文本框中所显示文字的字号大小。要求程序运行效果如图 6-12 所示。

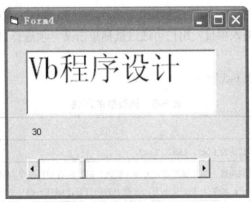

图 6-12　滚动条改变文本框中文字大小

设计界面：在窗体上创建 1 个文本框、1 个标签和 1 个水平滚动条。各控件属性设置如表 6-4 所示。

表6-4　例6.6各控件属性

控　件	对象名	属　性	属　性　值
文本框	Text1	Text	Vb 程序设计
标签	Label1	Caption	空
水平滚动条	HScroll1	Max	100
		Min	5

程序代码如下:

```
Private Sub HScroll1_Change()
    Label1.Caption = HScroll1.Value
    Text1.FontSize = HScroll1.Value
End Sub
```

在此例题中,单击滚动条两端的滚动箭头或者单击滑块与滚动箭头之间的区域,文本框中的字号都会发生改变。但是拖动滑块时,文本框中的字号并不会发生改变,当松开鼠标左键时,字号才改变。这是因为 Text1.FontSize = HScroll1.Value 语句放在了水平滚动条的 Change 事件中。如果想让文字随着滑块的拖动而发生变化,可以添加对水平滚动条的 Scroll 事件的相应语句。例如在程序中添加如下语句:

```
Private Sub HScroll1_Scroll()
    HScroll1_Change
End Sub
```

再次运行时,会发现无论单击滚动条两端的箭头、单击滑块与箭头之间的区域还是拖动滑块,文本框中的字号都会发生改变。

6.3　列表框和组合框

6.3.1　列表框

列表框(ListBox)控件将一系列的选项组合成一个列表,用户可以选择其中的一个或几个选项,但不能向列表清单中输入项目,用户可通过鼠标单击某一项选择自己所需的项目。

1. 列表框的属性

列表框常用的属性如表 6-5 所示。

表 6-5　列表框的属性

属　性	含　义
Name	列表框的名称。默认为 List1,List2,List3,…
Columns	用来确定列表框的列数。当该属性设置为 0(默认)时,所有项目呈单列显示。如果该属性设置为 1,则列表框呈多行多列显示;如果大于 1 且小于列表框中的项目数,则列表框呈单行多列显示
List	用来列出列表框中项目的内容。该属性是一个字符串数组,它记录了列表框中所列举的各个数据项。可以通过下标访问数组中的值(下标从 0 开始)。 其格式为:[列表框.]List(下标)
ListCount	用来列出列表框中项目的数量。列表框中项目的序号从 0 开始,最后一项序号为 ListCount-1

属　性	含　义
ListIndex	用来设置已选中项目在列表框中的位置。项目位置由索引值指定，索引值从 0 开始，依次类推。如果没有选中的项目 ListIndex 的值设置为-1
MultiSelect	用来设置一次可以选择的项目数。如果设置为 0，表明每次只能选择一项；如果设置为 1，表明每次能选择多个项；如果设置为 2，表明可以选择指定范围内的表项
Selected	该属性是一个 Boolean 数组，其索引值范围和 List 相同。各个元素的值为 True 或 False，每个元素与列表框中的一项相对应。当元素值为 True 时，表明选择了该项；如果为 False 则表示未选择。格式为：列表框名.Selected（索引值）=True|False
SelCount	用来读取列表框中所选项目的数量
Sorted	用来确定列表框中的项目是否按字母、数字升序排列。设置为 True，则按升序排列；设置为 False（默认），则按加入列表框的先后次序排列
Style	用来确定控件的外观。设置为 0（默认），列表框为标准形式显示；设置为 1，列表框为复选框形式显示
Text	该属性的值为最后一次选中的项目的文本，不能直接修改 Text 属性

2．列表框的事件和方法

列表框可以响应 Click 和 DblClick 事件。除此之外，列表框还可以使用 AddItem、Clear 和 RemoveItem 等方法，用来在程序运行期间修改列表框的内容。

① Click 事件。当用户用鼠标按下列表框的选项时，将会触发列表框的 Click 事件。事实上，只要列表框的 ListIndex 属性被改变，列表框的 Click 事件就会被触发。不论是用鼠标控制，或者拥有焦点时，以键盘上的方向键控制，甚至用程序代码改变 ListIndex，这个事件都会被触发。

② DblClick 事件。当用户用鼠标双击列表框的选项时，将会触发该事件。

③ AddItem 方法。该方法用来在程序运行阶段向列表框中加入单个数据项，其格式为：

`列表框.AddItem　数据项[,索引值]`

其中，"数据项"是要加入列表框中的字符串，如果没有指定索引值，则默认把数据项加到列表框的末尾。如果指定索引值，则将数据项加到指定位置。索引值应大于 0，但是要小于 ListCount-1。

④ Clear 方法。该方法用来删除列表框的全部数据项，其格式为：

`列表框.Clear`

执行 Clear 方法后，ListCount 属性重新被设置为 0。

⑤ RemoveItem 方法。该方法用来删除列表框中指定的项目，其格式为：

`列表框.RemoveItem　索引值`

执行 RemoveItem 方法后，列表框中由索引值指定的项目将被删除。

3．应用举例

【例 6.7】向列表框中添加数据项。

在窗体上加入 3 个列表框控件，名称分别为：List1、List2 和 List3。

其属性设置如表 6-6 所示。

表 6-6　例 6.7 列表框控件的属性设置

Name	Columns	List	MultiSelect	Sorted	Style
List1	0（单列）	星期一 星期二 星期三 星期四 星期五 星期六 星期日	0（单行）	True（升序）	0（标准）
List2	1	空	1	False	0
List3	1	空	1	False	1

编写如下的程序代码：

```
Private Sub Form_Load()
    List1.FontSize = 10
    List2.FontSize = 10
    List3.FontSize = 10
    List2.List(0) = "计算机学院"
    List2.List(1)= "数学学院"
    List2.List(2)= "中文学院"
    List2.List(3)= "外国语学院"
    List2.List(4)= "信息学院"
    List2.List(5)= "管理学院"
    List3.AddItem "吉林大学"
    List3.AddItem "东北大学",0
    List3.AddItem "湖南大学"
    List3.AddItem "武汉大学",1
    List3.AddItem "南京大学"
    List3.AddItem "天津大学",2
End Sub
```

在窗体中加入文本框 Text1 和命令按钮 Command1。编写如下命令按钮单击事件代码：

```
Private Sub Command1_Click()
    Dim i As Integer, j As Integer
    Text1.Text = List1.Text
    For i = 0 To List2.ListCount - 1
      If List2.Selected(i) = True Then
         Text1.Text = Text1.Text + " " + List2.List(i)
      End If
    Next i
    For j = 0 To List3.ListCount - 1
      If List3.Selected(j) = True Then
         Text1.Text = Text1.Text + " " + List3.List(j)
      End If
    Next j
End Sub
```

Form_Load 事件过程用来初始化列表框，并向 List2 和 List3 列表框中添加数据项。数据项的添加除了可以在运行阶段完成以外，在程序设计阶段也可以通过列表框的 List 属性来完成。如本程序中，List1 中数据项的加入就是在设计阶段完成的。其操作方法是：使加入数据项的列表框处于激活状态，然后在属性窗口中找到 List 属性，单击其右端的箭头，出现一个下拉方框，在方框中即可录入数据项。但是需要注意每输入完一个数据项后，应该按【Ctrl+Enter】组合键换行。全部数据项输入完后，按【Enter】键结束。

另外，当 Columns 属性设置为 0 时，如果表项的高度超过了列表框的高度，将在列表框的右边加上一个垂直滚动条；当 Columns 属性不为 0 时，如果表项的高度超过了列表框的高度，将把部分数据项移到右边一列或几列显示。当各列的宽度之和超过列表框的宽度时，将自动在底部增加一个水平滚动条。

程序运行结果如图 6-13 所示。

图 6-13　列表框应用举例

【例 6.8】利用列表框和命令按钮编程，要求程序能实现添加课程、删除课程、修改课程的功能，如图 6-14 所示。

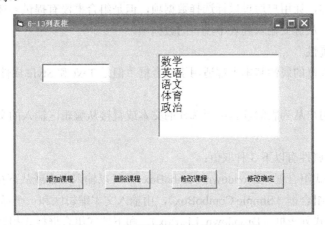

图 6-14　列表框和命令按钮应用举例

在窗体上加入 1 个文本框、1 个列表框和 4 个命令按钮，布局及控件基本属性可参考图 6-14。

程序代码设计如下：

① "添加课程"代码：

```
Private Sub Command1_Click()
    List1.AddItem Text1.Text          ' 将文本框中的内容添加到列表框
    Text1.Text = ""                   ' 清空文本框
End Sub
```

② "删除课程" 代码:

```
Private Sub Command2_Click()
    List1.RemoveItem List1.ListIndex        ' 除去列表框中选定的项目
End Sub
```

③ "修改课程" 代码:

```
Private Sub Command3_Click()
    Text1.Text = List1.Text                 ' 将列表框中当前选中的项目内容赋给文本框
    Text1.SetFocus                          ' 设置焦点
    Command1.Enabled = False
    Command2.Enabled = False
    Command3.Enabled = False
    Command4.Enabled = True
End Sub
```

④ "修改确定" 代码:

```
Private Sub Command4_Click()
    List1.List(List1.ListIndex) = Text1.Text ' 将文本框中的内容返还入列表框
    Command4.Enabled = False                      ' 使"修改确定"按钮不可用
    Command1.Enabled = True
    Command2.Enabled = True
    Command3.Enabled = True
    Text1.Text = ""
End Sub
```

6.3.2　组合框

组合框是结合了列表框和文本框的特性而形成的控件，它兼有列表框和文本框的功能。组合框可以像列表框一样，让用户通过鼠标选择数据项，但是组合框没有提供多选的功能。组合框也可以像文本框一样，从键盘输入列表中没有的数据项。

1．组合框的属性

前面介绍的列表框的属性基本上都适用于组合框，但是 Text 和 Style 属性有一点差别。

① Text 属性。

该属性的值为用户从列表的项目中所选择的文本或直接从编辑区输入的文本。

② Style 属性。

组合框的 Style 属性有以下 3 种取值:

0：表明为下拉式组合框（Dropdown ComboBox），可以输入文本或从下拉列表中选择。

1：表明为简单组合框（Simple ComboBox），由输入文本编辑区和一个标准列表框组成。

2：表明为下拉式列表框（Dropdown ListBox），和下拉式组合框样式相似，但只能在下拉列表中选择数据项，不允许从键盘输入文本。组合框的样式如图 6-15 所示。

图 6-15　组合框的样式

2．组合框的事件和方法

简单组合框（Style 属性设置为 1）可以响应 DblClick，下拉式组合框（Style 属性设置为 0）和下拉式列表框（Style 属性设置为 2）可以响应 Click 和 DropDown 事件。通常情况下，用户选择数据项后，只需要读取组合框的 Text 属性，不用编写事件代码。

组合框也可以使用 AddItem、Clear 和 RemoveItem 方法，其用法与列表框相同。

3．应用举例

【例6.9】 从组合框中选择信息，并输出到文本框中。

程序中使用的控件及相关属性设置如表 6-7 所示。

表 6-7　例 6.9 程序中使用的控件

控件	Name	Caption	Columns	Sorted	Style
标签	Label1	请选择学校：	无	无	无
标签	Label2	请选择院系：	无	无	无
命令按钮	Command1	确定	无	无	0
命令按钮	Command2	取消	无	无	0
文本框	Text1	无	无	无	无
组合框	Combo1	无	0	False	0
组合框	Combo2	无	0	False	1

编写代码如下：

① 添加数据项。

```
Private Sub Form_Load()
    Combo1.AddItem "吉林大学"
    Combo1.AddItem "东北大学"
    Combo1.AddItem "武汉大学"
    Combo1.AddItem "南京大学"
    Combo1.AddItem "天津大学"
    Combo2.AddItem "计算机学院"
    Combo2.AddItem "外国语学院"
    Combo2.AddItem "管理学院"
    Combo2.AddItem "教育学院"
    Combo2.AddItem "音乐学院"
End Sub
```

② "确定"按钮的单击事件。

```
Private Sub Command1_Click()
    Text1.Text = "您选择的是" + Combo1.Text + " " + Combo2.Text
End Sub
```

③ "取消"按钮的单击事件。

```
Private Sub Command2_Click()
    End
End Sub
```

程序运行后，选择学校和院系，然后单击"确定"按钮，选择的信息将添加到文本框中。按"取消"按钮关闭窗口。程序运行结果如图 6-16 所示。

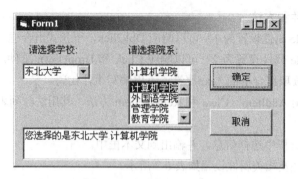

图 6-16 组合框应用举例

6.4 计 时 器

在 Windows 应用程序中常常用到时间控制功能，如在程序界面上显示当前时间，或者每隔一段时间触发一个事件等。在 VB 中，计时器（Timer）控件就是专门解决这方面的问题的。，

计时器（Timer）控件在工具箱中的图标为 。选中时钟控制器，将鼠标指针移到界面设计区，在窗体中拖出一个矩形框就可以创建一个 Timer 控件。与其他控件不同的是，无论绘制的矩形有多大，Timer 控件的大小都不会变。另外，控件只有在程序设计过程中可见，在程序运行时不可见。

1. 属性与事件

计时器常用的是 Name、Enabled 和 Interval 属性。

① Name 属性用来标识计时器控件的名称，默认为 Timer1，Timer2，Timer3，…。

② Enabled 属性用来说明计时器的 Timer 事件是否会被计时器触发。该属性的默认取值为 True。

③ Interval 属性用来设置计时器的 Timer 事件之间的间隔。时间间隔以毫秒为单位，取值范围为 0 ～ 65535。如果该属性取值为 0，则 Timer 事件不会被触发。

Timer 事件是计时器最常用的事件。在计时器控件中，每隔固定的时间所运行的程序代码应该写在这个事件中。只要计时器控件的属性 Enabled 设置为 True，而且 Interval 属性（时间间隔）大于 0，这个事件就会被计时器触发。

2. 应用举例

【例 6.10】 用计时器控件设计一个数字时钟。

在窗体上摆放一个标签控件 Label1，大小和位置调整适当，将 Label1 的 Caption 设为空，Font 设为"宋体，小三，加粗"，BorderStyle 设置为 1（Fixed Single）。再在窗体的任意位置摆放一个计时器控件 Timer1。计时器控件的位置和大小不用考虑，因为它只在设计阶段出现在窗体上，程序运行时会自动消失。

编写事件过程如下：

① 控件相关属性设置。

```
Private Sub Form_Load()
    Form1.Caption = "计时器控件应用"
```

```
    Timer1.Interval = 1000
End Sub
```

② 计时器 Timer 事件。

```
Private Sub Timer1_Timer()
    Label1.Caption=Time
End Sub
```

程序运行后，每隔 1 000 毫秒发生一次 Timer 事件，将系统当前时间显示到 Label1 中。程序运行结果如图 6-17 所示。

图 6-17 计时器控件应用举例

【例 6.11】用计时器控件设计动画。

在窗体上摆放图像控件 Image1，Image2，Image3 和定时器控件 Timer1，如图 6-18 所示。将 Image1 和 Image2 的 Picture 属性分别加载如图 6-18 所示的图片，Visible 属性设为 False。将 Timer1 的 Interval 属性设置为 500。

图 6-18 利用计时器控件实现动画

编写事件过程如下：

```
Dim flag As Boolean
Private Sub Timer1_Timer()
    If flag Then
        Image3.Picture = Image1.Picture
        flag = False
    Else
        Image3.Picture = Image2.Picture
        flag = True
    End If
End Sub
```

程序运行后，每隔 500 毫秒发生一次 Timer 事件，将 Image3 中显示的图片改变一次，从而看到小熊形态不断变化的动画效果。

【例 6.12】编写程序，使用时钟控制器，使字体颜色发生随机变化的效果。效果如图 6-19 所示。

图 6-19　用时钟控制器改变字体颜色

新建窗体，添加一个标签和一个时钟控件，设置其属性。代码如下：

```
Private Sub Form_Load()
    Timer1.Interval = 500
    Label1.Caption = "欢迎进入 VB 应用程序"
    Label1.Font.Size = 20
    Label1.AutoSize = True
End Sub

Private Sub Timer1_Timer()
    Label1.ForeColor = RGB(255 * Rnd, 255 * Rnd, 255 * Rnd)
End Sub
```

【例 6.13】编写程序，使用时钟控制器，实现滚动字幕的效果。

新建窗体，添加一个标签和一个时钟控件，设置其属性。代码如下：

```
Private Sub Form_Load()
    Label1.Caption = "欢迎进入 VB 应用程序"
    Timer1.Interval = 100
End Sub

Private Sub Timer1_Timer()
    If Label1.Left <= Form1.Width Then
        Label1.Left = Label1.Left + 100
    Else
        Label1.Left = -Label1.Width
    End If
End Sub
```

【例 6.14】编写程序，使用时钟控制器，制作字体闪烁的效果。

新建窗体，添加一个标签和一个时钟控件，设置其属性。代码如下：

```
Private Sub Form_Load()
    Label1.Caption = "欢迎进入梦想家园"
    Label1.Font.Name = "华文彩云"
    Label1.Font.Size = 30
    Label1.AutoSize = True
    Timer1.Interval = 100
End Sub

Private Sub Timer1_Timer()
```

```
    If Label1.Visible = True Then
        Label1.Visible = False
    Else
        Label1.Visible = True
    End If
End Sub
```

6.5 容器与框架

所谓容器，就是可以在其上放置其他控件对象的一种对象。窗体、图片框和框架都是容器。容器内的所有控件成为一个组合，随容器一起移动、显示、消失和屏蔽。

前面在讲单选按钮时，若要在同一窗体上建立几组互相独立的单选按钮，通常用到框架控件（Frame）将每一组单选按钮框起来，这样在一个框架内的单选按钮成为一组，对一组单选按钮的操作不会影响其他组的单选按钮。

框架在工具箱中，框架的图标为 ⊞。它是一个容器控件，它用来将窗体上的控件进行分组显示。放置在框架内的控件将成为一个组合，当移动框架时，在这一个组合中的所有对象仍然会保持它们对应于框架的相对位置不变。

1. 框架的属性

框架除了包括 Enabled、FontBold、FontName、FontUnderline、Height、Left、Top、Width 和 Visible 等大多数控件具备的属性之外，常用的还有 Name 和 Caption 属性。Name 属性用来标明框架的名称。Caption 属性用来定义框架的标题文字，通常用来说明框架内的控件所代表的意义。其默认的名称和标题是 Frame1，Frame2，Frame3，…

由于框架内包含了一组控件，要想使该组控件是可用的，则应将框架的 Enabled 属性设置为 True。如果该属性的取值为 False，则框架的标题呈灰色显示，而且框架内的所有对象均被屏蔽。

2. 框架与控件的配置

当把指定的控件放到框架内的时候，框架和控件应为一个整体，这样框架不仅能提供视觉上的区分，而且对于框架内的控件还能提供整体的激活或屏蔽特性。当移动框架时，框架内的控件也一起移动。为了保证框架和控件的一体性，应该先画框架，然后在框架内画出需要成为一组的控件。

需要注意的是：对于窗体内已有的控件如果需要放到框架内，则应先将其选中进行剪切（Ctrl+X），放入剪贴板。然后在窗体上选中框架，进行粘贴（Ctrl+V）。这样才可使控件和框架作为一个整体进行移动或删除。如果只是把窗体上的控件拖放到框架内，框架和控件不会成为一个整体，移动或删除框架时，控件不会移动或删除。

3. 应用举例

【例 6.15】 编写程序，输入个人信息资料。

窗体设计如图 6-20 所示。窗体上各控件属性设置如表 6-8 所示。

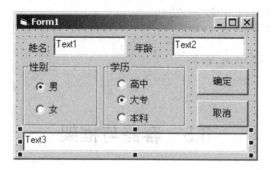

图 6-20　例 6.15 窗体设计

表 6-8　例 6.15 窗体上使用的控件

控　件	Name	Caption	Value
标签	Label1	姓名	无
标签	Label2	年龄	无
文本框	Text1	无	无
文本框	Text2	无	无
文本框	Text3	无	无
命令按钮	Command1	确定	无
命令按钮	Command2	取消	无
框架	Frame1	性别	无
框架	Frame2	学历	无
单选按钮	Option1	男	True
单选按钮	Option2	女	False
单选按钮	Option3	高中	False
单选按钮	Option4	大专	True
单选按钮	Option5	本科	False

编写事件过程如下：

```
Private Sub Form_Load()
    Form1.Caption = "个人基本资料"
    Text1.Text = ""
    Text2.Text = ""
    Text3.Text = ""
End Sub
Private Sub Command1_Click()
    If Option1 Then m1$ = Option1.Caption
    If Option2 Then m1$ = Option2.Caption
    If Option3 Then m2$ = Option3.Caption
    If Option4 Then m2$ = Option4.Caption
    If Option5 Then m2$ = Option5.Caption
    Text3.Text = Text1.Text + "  " + Text2.Text + "  " + m1$ + "  " + m2$
End Sub
Private Sub Command2_Click()
```

```
    End
End Sub
```

程序运行后，输入姓名和年龄，选择性别和学历，单击"确定"按钮，将信息显示在窗体下面的文本框中。程序运行结果如图 6-21 所示。

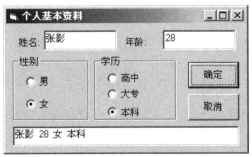

图 6-21　框架应用实例

6.6　直线控件与形状控件

Visual Basic 中提供用于画图的控件有直线控件（Line）和形状控件(Shape)。这两个图形控件只是为了美化窗体界面，它们没有可以触发的事件。使用直线控件可以建立简单的直线，而形状控件可以在窗体上画矩形等简单几何图形。如果想改变它们产生的图形只需要改变其属性设置就可以。其常用属性如表 6-9 所示。

表 6-9　直线和形状控件的属性

属　性	含　义
Name	直线或形状的名称。直线默认名称为 Line1，Line2，Line3，… 形状的默认名称为：Shape1，Shape2，Shape3，…
X1、Y1、X2、Y2	直线的属性，分别表示直线两个端点的坐标
Top、Left、Height、Width	确定形状的位置。Top 和 Left 是形状的左上角坐标，Height 表明形状的高度，Width 表明形状的宽度
BorderColor	设置直线或形状的颜色。可通过调色板选择颜色，或用 6 位 16 进制数表示
FillColor	设置形状的内部填充颜色。与 BorderColor 用法相同
BorderWidth	指定直线的宽度或形状边界线的宽度，其单位是像素（Pixel），BorderWidth 的值不能设置为 0
BorderStyle	确定直线或形状边界线的线型。BorderStyle 共有 7 种取值：0–Transparent（透明）；1–Solid（实心）；2–Dash（虚线）；3–Dot（点线）；4–Dash-Dot（点画线）；5–Dash-Dot-Dot（双点画线）；6–Inside Solid（内实线）
BackStyle	用来决定形状是否被指定的颜色填充。取值为 0（默认）时，形状边界内的区域是透明的；取值为 1 时，形状边界内的区域用指定的颜色填充，默认时为白色
FillStyle	决定形状内部的填充图案。FillStyle 共有 8 种取值：0 - Solid（实心）；1–Transparent（透明）；2–Horizontal Line（水平线）；3–Vertial Line（垂直线）；4–Upward Diagonal（向上对角线）；5–Downward Diagonal（向下对角线）；6–Cross（交叉线）；7–Diagonal Cross（对角交叉线）
Shape	确定所画形状的几何图形。Shape 共有 6 种取值：0-vbShapeRectangle（矩形，默认）；1-vbShapeSquare（正方形）；2-vbShapeOval（椭圆形）；3-vbShapeCircle（圆形）；4-vbShapeRoundedRectangle（圆角矩形）；5-vbShapeRoundedSquare（圆角正方形）

【例6.16】在窗体上显示各种图形和线条。

在窗体上放 7 个直线控件和 6 个形状控件。

编写事件过程如下：

```
Private Sub Form_Click()
    Line1.BorderStyle = 0
    Line2.BorderStyle = 1
    Line3.BorderStyle = 2
    Line4.BorderStyle = 3
    Line5.BorderStyle = 4
    Line6.BorderStyle = 5
    Line7.BorderStyle = 6
    Shape1.Shape = 0
    Shape2.Shape = 1
    Shape3.Shape = 2
    Shape4.Shape = 3
    Shape5.Shape = 4
    Shape6.Shape = 5
    Shape1.FillStyle = 2
    Shape2.FillStyle = 3
    Shape3.FillStyle = 4
    Shape4.FillStyle = 5
    Shape5.FillStyle = 6
    Shape6.FillStyle = 7
End Sub
```

程序运行后，单击窗体，将显示不同形状的直线和图形。程序运行结果如图 6-22 所示。

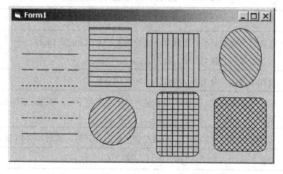

图 6-22　直线和形状控件应用举例

习　题　6

一、选择题

1. 在 Visual Basic 中，组合框是文本框和（　　）的组合。

　　A. 复选框　　　　　B. 标签　　　　　　　C. 列表框　　　　　D. 目录列表框

2. 将组合框的 Style 属性设置为（　　）时，只能从键盘输入文本，不能选择。

　　A. 0　　　　　　　B. 1　　　　　　　　C. 2　　　　　　　D. 3

3. 窗体上有一组合框 Combo1，并将下列项 "Chardonnay" "FunBlanc" "Gewrzt" 和 "Zinfande" 放置到组合框中，当窗体加载时的代码如下（　　　）。

```
Private Sub Form_Load()
    Combo1.AddItem "Chardonnay"
    Combo1.AddItem "FunBlanc"
    Combo1.AddItem "Gewrzt"
    Combo1.AddItem "Zinfande"
End Sub
```

要在文本框 Text1 中显示列表中的第 3 个项目的正确语句是（　　　）。

    A. Text1.Text=Combo1.List(0)　　　　　　B. Text1.Text=Combo1.List(1)

    C. Text1.Text=Combo1.List(2)　　　　　　D. Text1.Text=Combo1.List(3)

4. 以下控件中可以作为容器控件的是（　　　）。

    A. Image 图像框控件　　　　　　　　　　B. PictureBox 图片框控件

    C. TextBox 文本框控件　　　　　　　　　　D. ListBox 列表框控件

5. 引用列表框（List1）最后一个数据项应使用的表达式是（　　　）。

    A. List1.List(List1.ListCount)　　　　　　B. List1.List(List1.ListCount-1)

    C. List1.List(ListCount)　　　　　　　　　D. List1.List(ListCount-1)

6. 在列表框中当前被选中的列表项的序号是由下列（　　　）属性表示的。

    A. List　　　　　　B. Index　　　　　　C. ListIndex　　　　　　D. TabIndex

7. 为了使列表框中的项目分为多项显示，需要设置的属性为（　　　）。

    A. Columns　　　B. Style　　　　　　C. list　　　　　　　　D. MultiSelect

8. 要使列表框中的列表项显示成复选框形式，则应将其 Style 属性设置为（　　　）。

    A. 0　　　　　　　B. 1　　　　　　　　C. True　　　　　　　D. False

9. 下列语句中，获得列表框 List1 中项目个数的语句是（　　　）。

    A. x=List1.ListCount　　　　　　　　　　B. x=ListCount

    C. x=List1.ListIndex　　　　　　　　　　D. x=ListIndex

10. 有关列表框的属性和方法的正确描述是（　　　）。

    A. 列表框的内容由属性 Item Data 来确定

    B. 当多选属性（MultiSelect）为 True 时，可通过 Text 属性获得所有内容

    C. 选中的内容应通过 List 属性来访问

    D. 选中的内容应通过 Text 属性来访问，并且每次只能获得一条内容

二、填空题

1. 在修改列表框内容时，RemoveItem 方法的作用是_____。

2. Visual Basic 中有一种控件综合了文本框和列表框的特性，这种控件是_____。

3. 组合框是组合了文本框和列表框的特性而组成的一种控件。_____风格的组合框不允许用户从键盘输入文本。

4. 在 3 种不同类型的组合框中，只能选择而不能输入数据的组合框是_____。

5. 窗体、图片框或图像框中的图形通过对象的_____属性设置。

6. 将 C 盘根目录下的图形文件 moon.jpg 装入图片框 Picture1 的语句是_____。

7. 设置计时器事件之间的间隔要通过计时器的_____属性。

8. 计时器控件能有规律的以一定时间间隔触发_____事件，并执行该事件过程中的程序代码。

9. 设计一个计时程序。该程序用户界面如图 6-23 所示，由一个文本框（Text1）、两个按钮：命令按钮 1（Command1）、命令按钮 2（Command2）组成。程序运行后，单击开始按钮，则开始计时，文本框中显示秒数，单击停止按钮，则计时停止。单击窗口则退出。请将下列程序补充完整。

```
Option Explicit
Dim i
Private Sub Command1_Click()
    i = 0
    Timer1.Interval = 1000
    Timer1.Enabled = True
End Sub
Private Sub Command2_Click()
    Timer1.Enabled = False
End Sub
Private Sub Form_Click()
    _____Me
End Sub
Private Sub Form_Load()
    Timer1.Enabled = False
    Text1.Text = 0
End Sub
Private Sub Timer1_____()
    i = i + 1
    Text1.Text = _____
End Sub
```

图 6-23　窗体设计

10. 为了暂时关闭计时器，应把计时器的_____属性设置为 False。

第7章 数　　组

从存储角度看，前面使用的变量都是互相独立的、无关的，通常称它们为简单变量。但如果处理将 200 个学生的成绩按高低顺序排序这类问题，只使用简单变量会非常麻烦，利用数组却很容易实现。

例如，一个班有 50 名学生，要给这 50 名学生输入分数，并求全班平均分数。用简单变量来处理，需要设 50 个变量：s1，s2，…，s50，要写出 50 个变量名，然后再求平均分数，表达式中进行 50 项的相加运算：aver=（s1+s2+…+s50）/50。

如果处理 1 000 个数据，就要设 1 000 个变量，这显然是不可取的。我们可以把一批具有相同属性的数据用一个统一的名字来代表，如 s_1，s_2，s_3，…，s_{50}。它们分别代表 50 个学生的成绩。这个 s 就是代表一组学生成绩的"数组"，右下角的数字 1，2，3，…，50 称为 s 的下标。

本章讲述 VB 数组的基本概念和使用方法。主要有数组的概念、数组的定义及应用、动态数组、控件数组的概念及应用等。

7.1　数组的概念

数组是一组相同类型的变量的集合，在程序中可以用一个数组名代表逻辑上相关的一组数据。在 Visual Basic 中有两种类型的数组：固定大小的数组以及在运行时大小可变的动态数组，有时也称这两种数组为定长数组和可变长数组。数组必须先声明后使用。数组中各个数称为"数组元素"。数组中的每一个数据分别用序号来标识。例如，第 5 个学生的成绩可以用数组中序号为 5 的数组元素表示。数组中的数据不是无规律存放的，而是按照序号的顺序存放的。因此，可以说数组是有序数据的集合。或者说，数组是一组具有相同名字、不同下标的下标变量，用下标来表示顺序号。

在 Visual Basic 中，规定下标用圆括号括起来。例如:s(20)，其中，s 是数组的名字，20 是下标，表示顺序号，s(20)是一个数组元素，它代表数组 s 中序号为 20 的那个数据。同样可以用 s(48)代表序号为 48 的数据。

一维数组有时不能满足要求，例如有 4 个学生，每个学生考 5 门课程。要反映第 2 个学生第 3 门课程的分数，就要用到二维数组。可以用一个二维数组 S 表示 4 个学生、5 门课程的成绩:

$$s = \begin{bmatrix} 90 & 85 & 70 & 67 & 92 \\ 89 & 88 & 75 & 70 & 62 \\ 99 & 98 & 78 & 76 & 50 \\ 76 & 70 & 68 & 63 & 58 \end{bmatrix}$$

其中以一行代表某一学生的成绩，一列代表一门课的成绩。若要表示第 2 个学生第 3 门课的成绩，可写成以下形式：S(2,3)，它代表 S 数组第 2 行第 3 列的元素（假设数组元素的序号由 1 开始），其值为 75。

二维数组有二维，引用元素时要用两个下标。现在用第一维的下标代表学生号，用第二维的下标代表课程号。在二维数组中，第一维的下标称为"行下标"，第二维的下标称为"列下标"。在二维数组中，必须用两个下标才能唯一地确定一个数组元素在数组中的位置。

有关说明：

① 数组元素的地位和作用与普通变量相当，它们两者都能用来存放一个数据。

② 数组中的数据必须是同一个类型，不允许在同一数组中同时存放不同类型的数据，既然所有数组元素都属某一类型，那么这个类型就是整个数组的类型。如果已定义了 a 为一个整型数组，则 a(20)是其中序号为 20 的数据，显然 a(20) 是一个整型数据。

③ 数组中各元素在内存中占据一片连续的存储单元。如果 x(1 To 5) 是一个一维实型数组，它有 5 个元素，下标从 1 算起。假设数组从内存地址 2 000 开始存放，则第一个元素 x(1)占据地址为 2000～2003 的字节，x(2)占据地址为 2004～2007 的字节，其他各元素依次顺序存放，整个数组占据地址为 2000～2019 共 20 个字节的连续空间。

④ 数组与循环结合使用，可以很方便地对大批数据进行处理。如：

```
For  i =1  To  50
    Print  s(i)
Next  i
```

用它可以连续输出 50 个数据。如果不用数组而用简单变量，显然是很麻烦的。

7.2　一维数组

7.2.1　一维数组的定义

为了能在程序中使用数组，必须先定义，这点与前面讲过的变量一样，目的是通知计算机为该数组分配一定的内存空间，以便存储数组中的数据。数组名是这个区域的名称，区域的每个单元都有自己的地址，该地址用下标表示。

下面以 Dim 语句为例来说明数组定义的格式，当用其他语句定义数组时，其格式是一样的。在定义数组时，Visual Basic 提供了两种格式。

1. 数组定义格式

说明符　数组名([[第一维下标下界 To]第一维下标上界])[As 类型]

例如：Dim s(20) As Integer

定义了一个一维数组，该数组的名字为 s，类型为 Integer，占据 21 个（0～21）整型变量的空间。

2. 说明

① "说明符"为保留字，可以为 Dim、Public、Private 和 Static 中任意一个。在使用过程中可以根据实际情况进行选用，本章主要讲述 Dim 声明数组。

② 下标界限可以用"下界 To 上界"形式表示下标的变化范围，下界和上界必须为整型常

量，可以是负值，但下界不能超过上界。

③ 下标界限也可省略下界（由 Option Base 语句指定下标下界默认值是 0 还是 1），只给出上界（即可用的下标最大值）。

例如，Dim a（5）As Integer 定义了一个整型数组 a，可用的最大下标值为 5。由于下标值默认从 0 开始，因此，a 数组中的元素为：a(0)，a(1)，a(2)，a(3)，a(4)，a(5)，即共有 6 个元素，这一点应引起注意。不要把"可用最大下标值"与"元素个数"两者混淆起来。

④ Visual Basic 允许用户改变下标的下界默认值，即可以将下标的下界默认值由 0 改为 1。此时应用 Option Base 来指定下标的下界默认值：

```
Option Base n
```

n 只能为 0 或 1，不能是其他数字。使用"0"时，上界必须是非负整数常量，使用"1"时，上界必须是正整数常量。例如：

```
Option Base 1
Dim a(5)
```

则 a 数组中下标下界为 1，数组中元素为 a(1)，a(2)，a(3)，a(4)，a(5)，共 5 个元素。

由于不写 Option Base 语句时下标下界默认为 0，因此，程序中写"Option Base 0"是多余的。

⑤ Visual Basic 规定：下标的取值范围为-32768～32767。

⑥ 在定义常规数组时，下标的下界和上界必须是常数，不能是变量或表达式，例如：Dim a(n) 和 Dim a(2+n) 均不合法。如果需要在运行时定义数组的大小，可以使用 7.4 节介绍的动态数组。

⑦ "类型"用来指定数组元素的数据类型，可以是基本类型或用户定义的类型，若省略类型，则定义的数组为 Variant 类型。定义数组时，将每个数组元素初始化为相应类型的默认值（即把数值型数组中的全部元素都初始化为 0，而把字符串数组中的全部元素都初始化为空字符串）。

⑧ 一维数组元素个数的计算公式是：元素个数＝下标上界－下标下界＋1。常规一维数组至少应该有一个元素，这时下标的上界与下界相等。

⑨ "数组名"与简单变量命名规则相同，但同一作用域内不允许数组与简单变量同名。

7.2.2 一维数组的引用

数组的引用通常是对数组元素的引用。一维数组元素的表示形式为：

```
数组名（下标）
```

访问数组元素时的"下标"可以是整型（或长整型）常量、变量或表达式。下标值不能小于数组下标的下界，不能大于下标的上界，否则运行时会引发"下标越界"的错误。

一般说来，在程序中，凡是简单变量出现的地方，都可以用数组元素代替。数组元素可以像普通变量一样被赋值、参与表达式计算、作为实参调用通用过程，也可以使用循环语句对多个元素进行"批量"操作。一般通过循环语句及 InputBox 函数、文本框给数组输入数据。数组的输出一般用 Print 方法、标签或文本框实现。

【例 7.1】对输入的 20 个整数按每行 5 个元素格式输出。输出效果如图 7-1 所示。

```
Private Sub Form_Click()
Dim b(20) As Integer, i%
For i = 1 To 20
    b(i) = InputBox("请输入一个整数")
```

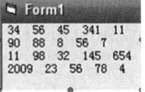

图 7-1 20 个整数分行输出

```
  Next i
  For i = 1 To 20
    Print b(i);
    If i Mod 5 = 0 Then Print
  Next i
End Sub
```

【例 7.2】编写程序，把输入的 10 个整数按逆序输出。

设计窗体如图 7-2，输出效果如图 7-3。代码设计如下：

```
Private Sub Command1_Click()
  Dim A(10) As Integer, I%
  Print
  Print "输入的数据为:"
  Print
  For I = 1 To 10
    A(I) = InputBox("请输入一个整型数据")
    Print A(I);
  Next I
  Print
  Print
  Print "逆序输出为:"
  Print
  For I = 10 To 1 Step -1
    Print A(I);
  Next I
End Sub
Private Sub Command2_Click()
  End
End Sub
```

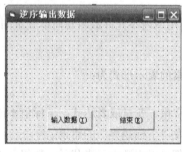

图 7-2　例 7.2 窗体设计

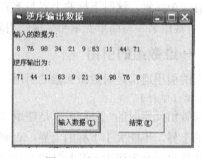

图 7-3　例 7.2 输出效果

7.2.3　一维数组的应用

【例 7.3】从键盘输入 15 人的考试成绩，输出高于平均成绩的分数。

此问题可分 3 步处理：一是输入 15 人的成绩；二是计算平均分；三是把 15 人的成绩逐一与平均分进行比较，若高于平均分则输出。代码设计如下：

```
Private Sub Command1_Click()
  Dim score(15) As Integer, aver!, i%
  aver = 0
  For i = 1 To 15
    score(i) = InputBox("请输入 0-100 的成绩", "输入框")
```

```
      aver = aver + score(i)
    Next i
    aver = aver / 15
    Print
    Print "平均成绩为: " + Str(Round(aver, 0))
    Print
    Print "高于平均分的有"
    For i = 1 To 15
      If score(i) > aver Then Print score(i);
    Next i
End Sub
Private Sub Command2_Click()
  End
End Sub
```

【例 7.4】从键盘输入 10 个整数，并按由小到大的顺序输出。结果如图 7-4 所示。

```
Private Sub Command1_Click()
  Dim t%, i%, j%, a(10) As Integer
  For i = 1 To 10
    a(i) = InputBox("输入一个整数", "输入框")
  Next i
  Print "输入的 10 个整数是"
    For i = 1 To 10
      Print a(i);
    Next i
    Print
    For i = 1 To 9
      For j = i + 1 To 10
        If a(i) > a(j) Then t = a(i): a(i) = a(j): a(j) = t
      Next j
    Next i
    Print "排序结果为"
    For i = 1 To 10
      Print a(i);
    Next i
End Sub
Private Sub Command2_Click()
  End
End Sub
```

图 7-4 10 个整数由小到大输出

7.3 二维数组

假如有 20 名学生，每名学生有 5 门考试成绩，如何来表示这些数据呢？VB 可以用两个下标的数组来表示。如第 i 个学生第 j 门成绩，可以用 S（i，j）表示。其中 i 表示学生号，称为行下标（i=1，2，3，…，20）；j 表示课程号，称为列下标（j=1，2，3，4，5）。有两个下标的数组称为二维数组。

7.3.1 二维数组的定义

语法：说明符　数组名([下界 to]上界,[下界 to]上界)[As 类型]

例如：Dim a(2, 3) As Integer 定义了一个二维数组,该数组有 3 行(0~2)4 列(0~3)，占据 12 个(3×4)个整型变量的空间。

说明：

① 可以将二维数组的定义方法推广至多维数组的定义。

例如：Dim a(3,1 To 10，1 To 15)定义了一个三维数组 a，大小为 4×10×15。 数组维数的增加，会导致数组所占的存储空间大幅度增加，故要慎用多维数组。

② 在实际应用中，如果需要数组的上界值和下界值，可通过 LBound 函数和 UBound 函数求得。语法格式为：

```
LBound(数组名[,维])
UBound(数组名[,维])
```

其中，LBound 函数返回"数组"某一"维"的下界值；UBound 函数返回"数组"某一"维"的上界值。两个函数一起使用即可确定一个数组的大小。对于一维数组，参数"维"可以省略，而对于多维数组则不能省略。

例如：Dim a(1 to 10,0 to 5,-1 to 4)定义了一个三维数组 a，用以下语句则可得到该数组各维的上下界。

```
Dim a(1 To 10, 0 To 5, -1 To 4)
Print LBound(a, 1), UBound(a, 1)
Print LBound(a, 2), UBound(a, 2)
Print LBound(a, 3), UBound(a, 3)
```

输出结果如图 7-5 所示。

图 7-5　二维数组输出结果

7.3.2 二维数组的引用

二维数组的引用与一维数组基本相同，语法格式为：

数组名(下标 1，下标 2)

说明：

① 下标 1 与下标 2 可以是常量、变量或表达式。

② 取值范围不能超过声明的上、下界。

【例7.5】用二维数组输出如图7-6所示的数字方阵。

```
Private Sub Form_click()
  Dim a(4, 4) As Integer, i%, j%
  For i = 1 To 4
    For j = 1 To 4
      If i = j Then
        a(i, j) = 1
      Else
        a(i, j) = 2
      End If
    Next j
  Next i
  For i = 1 To 4
    For j = 1 To 4
      Print a(i, j);
    Next j
    Print
  Next i
End Sub
```

图 7-6　二维数组应用

【例7.6】有一个 n×m 的矩阵，要求找出其中值最大的那个元素所在的行号和列号，以及该元素之值。

设该矩阵为：

$$t = \begin{bmatrix} 8 & 10 & 25 & -8 \\ 0 & 19 & 70 & 31 \\ -18 & 5 & -3 & 65 \end{bmatrix}$$

算法如下：

① 输入 n，m 和 n×m 矩阵中各元素之值；

② 先将 t(1,1) 的值赋给 max 变量；

③ 将 max 与各元素相比较，如果有某一个 t(i,j)>max，则将此 t(i,j) 赋给 max，同时将此时的行号 i 和列号 j 的值记下来赋给变量 row（行号）和 colum（列号）；

④ 最后输出矩阵各元素和 max，row，colum 的值。

程序编写如下：

```
Option Base 1
    Private Sub Command1_Click()
    Dim n As Integer,m As Integer,max As Integer
```

```
    Dim row As Integer,colum As Integer
n=Val(InputBox("请输入矩阵的行数"))
m=Val(InputBox("请输入矩阵的列数"))
    ReDim t(n,m) As Integer
    For i=1 To n
    For j=1 To m
    t(i,j) =Val(InputBox("请输入元素"))
    Next j
    Next i
    max=t(1,1)
    For i=1 To n
    For j=1 To m
    If t(i,j)>max Then
        max=t(i,j)
        row=i
        colum=j
    End If
    Next j
    Next i
    Print "The matrix is: "
    For i=1 To n
    For j=1 To m
    Print TAB(5*j);t(i,j);
    Next j
    Print
    Next i
    Print
    Print "The largest number is:"; "t(";row; ", ";colum; ")=";max
End Sub
```

今输入一个 3×4 的矩阵，按以下顺序输入数据：8,10,25,-8,0,19,70,31,-18,5,-3,65。

程序运行结果如图 7-7 所示。

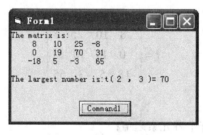

图 7-7　求矩阵平均值

可知，值最大的元素为 70，它在第 2 行第 3 列的位置上（行和列数均从 1 开始算）。请读者对照输出的结果仔细分析 Print 语句的安排。

7.3.3　二维数组的应用

【例 7.7】输出杨辉三角形。

杨辉是我国南宋时期的数学家，它引用前人贾宪的研究成果提出了后人所说的"杨辉三角"。杨辉三角的两侧全部是 1，中间的每个数是其左上方和右上方两个数之和。

```
Private Sub Command10_Click()
'杨辉三角形
Dim m As Integer
Dim a() As Integer
m=Val(InputBox("请输入矩阵的列数"))
ReDim a(m, m)
    For i = 1 To m
        Print Tab(20 - 2 * i);
        For j = 1 To i
            If j = 1 Or i = j Then
                a(i, j) = 1
            Else
                a(i, j) = a(i - 1, j - 1) + a(i - 1, j)
            End If
            Print a(i, j);
        Next j
        Print
    Next i
End Sub
```

【例 7.8】 斐波那契（Fibonacci）数列问题。

这是一个古典的数学问题，假设有一对兔子，从出生后 3 个月开始，每个月都生一对小兔子。小兔子到第 3 个月又开始生下一代小兔子。假设兔子只生不死，问每个月各有几对兔子。要求输出 1～20 个月的兔子对数。

可以知道：第 1 个月 1 对，第 2 个月 1 对。第 3 个月 2 对（1 对老，1 对小）。第 4 个月 3 对（1 老，1 中，1 小），第 5 个月 5 对（2 老，1 中，2 小），第 6 个月为 8 对（3 老，2 中，3 小）……（注：3 个月以上为"老"，2 个月的为"中"，1 个月的为"小"）。可以看到，从第 1 个月起各月的兔子对数分别为：1、1、2、3、5、8、13……

其规律是：数列中第 1、2 个数是 1，从第 3 个数起，该数是其前面 2 个数之和，这个数列称为斐波那契数列。可以看出它有这样一个特点：根据前面的结果推出后面的结果。如果不知道前面 2 个数就推不出第 3 个数。只有知道第 2，3 个数才能推出第 4 个数，这种算法称为"递推"（recurrence），即从前面的结果推出后面的结果。解决递推问题必须具备两个条件：

① 初始条件；

② 递推关系（或递推公式）。

在本题中，初始条件为：$f_1=1$；$f_2=1$

递推公式为： $f_n=f_{n-1}+f_{n-2}$

合起来可以表示如下：

$$\begin{cases} f_n=1 & (n \leq 2) \\ f_n=f_{n-1}+f_{n-2} & (n>2) \end{cases}$$

程序如下：

```
Private Sub Form_Click()
    Dim i As Integer,n As Integer
    Dim f() As Integer
    n=Text1.text
```

```
    ReDim f(n)
f(1) = 1:f(2) = 1
Print f(1),f(2),
For  i = 3 To n
f(i) = f(i-1)+f(i-2)
Print f(i),
Next  i
End Sub
```

【例 7.9】用二维数组输出 4 名同学的数学、英文、VB 编程 3 门课的平均成绩。结果如图 7-8 所示。

```
Private Sub Command1_Click()
  Dim X(4, 3) As Single, XM(4) As String * 10, I%, J%, AVER!
  Print
  Print Tab(25); "成绩表"
  Print
  Print "姓名"; Tab(15); "数学"; Tab(25); "英语";
  Print Tab(35); "VB 编程"; Tab(45); "平均成绩"
  Print
  For I = 1 To 4
    AVER = 0
    XM(I) = InputBox("请输入姓名", "姓名输入框")
    Print XM(I);
    For J = 1 To 3
      X(I, J) = InputBox("请输入" & XM(I) & "的一门课成绩", "成绩输入框")
        AVER = AVER + X(I, J)
    Next J
    AVER = AVER / 3
    Print Tab(15); X(I, 1); Tab(25); X(I, 2);
    Print Tab(35); X(I, 3); Tab(45); Str(Round(AVER, 1))
    Print
  Next I
End Sub
Private Sub Command2_Click()
  End
End Sub
```

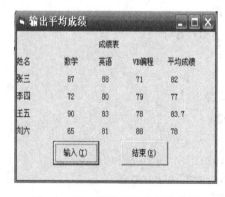

图 7-8 用二维数组输出平均成绩

7.4　动　态　数　组

在程序设计时，数组到底应该多大才合适？声明的数组太大，浪费内存空间；而太小又不够使用，有时候确实令人难以预料。在 VB 中引入动态数组，这样程序在运行时就具有改变数组大小的能力。

7.4.1　动态数组的定义

上节的例子，大部分是关于常规数组的定义和说明，下面给出动态数组的定义。

1. 定义格式

ReDim [Preserve] 数组名（下标界限列表）[As 类型]

ReDim 是 ReDimension（重定维）的意思。ReDim 语句的格式与 Dim 语句相同（只是将 Dim 改为 ReDim）。如果不加关键字 Preserve，ReDim 语句会清除重定义之前动态数组中所有元素的数据，使用默认值来填充。如果希望重新定义之后，保留那些原来就有的数组元素值，则必须使用 Preserve 关键字。

下标的上界和下界可以是常量、变量或表达式。

2. 定义方法

方法一：首先在窗体层、标准模块或过程中用 Dim 或 Public 声明一个没有下标的数组（括号不能省略），然后在过程中用 ReDim 语句定义带下标的数组。这种方法可以改变已定义的同名数组的大小，按定义的上下界重新分配存储单元，并可改变数组的维数，但不能改变数组的类型。

【例 7.10】先用 Dim 声明一个没有下标的数组，然后用 ReDim 语句重定义带下标的数组。

```
Dim var() As Integer            '这条语句很重要，确定了动态数组的名称、作用域和数据
                                '类型。在使用 ReDim 语句重新定义之前，动态数组没有元素，不能使用。
Dim size As Integer
Private Sub Form_Click()
    size=Val(InputBox("Enter a value: ", "data", "12"))
    ReDim var(size+1)           '这条语句正确，可改变数组的大小
    ReDim var(size,size)        '这条语句正确，可改变数组的维数
    ReDim var(size) As Single   '这条语句错误，不能改变数组元素的数据类型
End Sub
```

该例子先在窗体层或标准模块中用 Dim 语句声明了一个空数组 var 和一个变量 size，然后在过程中用 ReDim 语句定义动态数组，下标 size 在程序运行时输入。

【例 7.11】多次用 ReDim 语句定义同一个数组，任意指定数组中元素的个数，可以改变数组的维数，但不能改变数组数据类型。

```
Dim S() As String               '这条语句很重要
Private Sub Form_Click()
    ReDim S(4)                   '这条语句正确，可改变数组的大小
    S(2)= "one"
    Print S(2)
    ReDim S(6+1)                 '这条语句正确，可改变数组的大小
    S(5)= "VB"
    Print S(5)
    ReDim S(2,3)                 '这条语句正确，可以改变数组的维数
```

```
        S(1,1) = "Two"
        Print S(1,1)
    End Sub
```

方法二：也可以用 ReDim 语句直接定义数组。这种方法只可以改变已定义的同名数组的大小，按定义的上下界重新分配存储单元，但不能改变数组的数据类型，也不能改变数组的维数。

【例 7.12】用 ReDim 语句直接定义数组。

```
Private Sub Form_Click()
    ReDim var(3) As Integer      '用 ReDim 语句直接定义数组
    ReDim var(2)                 '这条语句正确，可改变数组的大小
    ReDim var(2) As Single       '这条语句错误，不能改变数组元素的数据类型
    ReDim var(2,3)               '这条语句错误，不能改变数组的维数
End Sub
```

7.4.2 动态数组的应用

【例 7.13】输入 n 个学生的学号和成绩，要求输出平均成绩和高于平均分的学生的学号和成绩。

由于要处理的对象是：n 个学生学号和 n 个学生的成绩。因此要设立两个数组：一个是学号数组 num，一个是成绩数组 score。第一个学生的学号为 num(1)，第一个学生的成绩为 score(1)，其余类推。可编写程序如下：

```
Option Base 1
Private Sub Command1_Click()
Dim aver As Single
Dim n As Integer,sum As Integer
n=Val(InputBox("请输入学生总数"))
    ReDim num(n) As Integer,score(n) As Integer
For i=1 To n
        num(i)=Val(InputBox("请输入学生学号"))
        score(i)=Val(InputBox("请输入学生成绩"))
        sum = sum + score(i)
    Next i
    aver=sum / n
    Print  "aver ="; aver
Print "The score of these students are greater than average"
    Print  "num", "score"
    For i=1 To n
        If score(i)>aver Then Print num(i),score(i)
    Next i
    End Sub
```

运行情况如下：

请输入学生总数：5

再依次输入学生学号、成绩：

101,80
102,55
103,70
104,63

105,74

运行结果如图 7-9 所示。

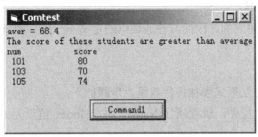

图 7-9　例 7.13 运行结果

本程序的重点是：找出两个数组之间的内在联系。从表面上看，两个数组是互相独立互不相干的。但应注意到，同一个学生的学号和成绩分别存放在两个不同的数组中，也就是说，两个数组中下标相同的数组元素是同一学生的成绩。

程序的前半段与前例相似。程序下半段的作用是将 score(1) 到 score(n) 逐个与已求出的平均分 aver 相比较，只要发现一个 score(i) 大于 aver，就将此学生的学号 num(i) 和成绩 score(i) 一起输出。

7.5　控 件 数 组

数组元素的类型可以是任何 Visual Basic 合法的类型，当然也可以是 Object 类型，即可将一个控件赋给数组元素，这便是控件数组。

7.5.1　控件数组基本概念

控件数组是由一组相同类型的控件组成的，这些控件具有一个相同的名称，具有相同的属性设置。数组中的每个控件都有唯一的索引号（Index Number），即下标，其所有元素的 Name 属性必须相同。

控件数组的每个元素都有一个与之关联的下标，或称索引（Index），下标值由 Index 属性指定，下标也放在圆括号中，例如：Option1(1)。

为了区分控件数组中的各个元素，Visual Basic 把下标值传送给一个过程。如下列事件：

设控件数组名为 Comm，类型为命令按钮控件数组。

```
Sub Comm_Click(index As Integer)
    …
End Sub
```

经过参数传递判断 Index 的值便知道用户按下哪个按钮，因而也就可以对该按钮进行相应的编程。

例如：

```
Sub Comm_Click(index As Integer)
If Index=4 Then
    Comm(Index).Caption="第五个按钮"
End If
End Sub
```

上面例子表示用户若按属性 Index=4 的按钮，则在该按钮上显示"第五个按钮"。

7.5.2 控件数组的建立

控件数组是针对控件建立的，因此与普通数组的定义不一样。通常用以下两种方法来建立控件数组。

1. 运行期间建立

在运行期间用 Load 方法形式添加控件数组，步骤如下：

① 在窗体上画出一个控件，设置属性 Name，并将 Index 值设为 0，建立第一个元素。设属性 Name 值为"Comm"。

② 在适当的事件中编程用 Load 方法添加其他若干个控件数组元素，格式为：

```
Load Comm(i)
```

其中 Comm 为数组名，i 整型变量为第 i 个控件数组元素，生成完后即可对 Comm（i）控件的相应属性值进行修改。如：Comm(1).Caption="数组"可实现在 Index 为 1 的控件上显示"数组"。也可用 UnLoad 方法删除控件数组元素。

③ 在建立完数组后便可进行其他编程工作。

2. 设计阶段建立

在设计阶段，在窗体界面上进行交互式界面设计时，完成控件数组的建立。步骤如下：

① 在窗体界面上画出欲作控件数组的第一个控件。

② 选中这个控件，选择"编辑"→"复制"命令，将该控件放入剪贴板。

③ 选择"编辑"→"粘贴"命令，将弹出一个对话框，询问是否建立控件数组。

④ 单击对话框中的"是"按钮，窗体的左上角将出现一个控件，它就是控件数组的第二个元素。

⑤ 重复"粘贴"，直到满足所需控件数组为止。

这样便建立了控件数组，属性 Index 的值则根据粘贴的先后顺序自动从 0 开始赋值。控件数组建立后，只要改变一个控件的"Name"属性值，并把 Index 属性置为空，就能把控件从控件数组中删除。控件数组中的控件执行相同的事件过程，通过 Index 属性可以决定控件数组中的相应控件所执行的操作。

【例 7.14】 建立含有 3 个命令按钮的控件数组，当单击某个命令按钮时，分别执行不同的操作。

按以下步骤建立：

① 在窗体上建立 1 个命令按钮，并把其 Name 属性设置为"Comtest"，然后用"编辑"菜单中的"复制"命令和"粘贴"命令复制 2 个命令按钮。

② 把第 1、第 2、第 3 个命令按钮的 Caption 属性分别设置为"命令按钮 1""命令按钮 2""退出"。

③ 双击任意一个命令按钮，打开代码窗口，键入如下事件过程：

```
Private Sub Comtest_Click(Index As Integer)
    FontSize=12
    If Index= 0 Then
        Print "单击第一个命令按钮"
    ElseIf Index=1 Then
        Print "单击第二个命令按钮"
```

```
    Else
        End
    End If
End Sub
```

上述过程根据 Index 的属性值决定在单击某个命令按钮时所执行的操作。所建立的控件数组包括 3 个命令按钮，其下标（Index 属性）分别为 0、1、2。第一个命令按钮的 Index 属性为 0，因此，当单击第一个命令按钮时，执行的是下标为 0 的那个数组元素的操作；而当单击第二个命令按钮时，执行的是下标为 1 的那个数组元素的操作。执行情况如图 7-10 所示。

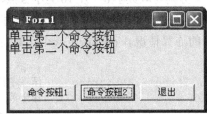

图 7-10　控件数组应用

【例 7.15】设计如图 7-11 所示的界面，完成相应功能。

图 7-11　例 7.15 窗体设计

```
Private Sub Option1_Click(Index As Integer)
  Select Case Index
    Case 0
     Text1.FontName = "宋体"
    Case 1
     Text1.FontName = "隶书"
    Case 2
     Text1.FontName = "黑体"
    Case 3
     Text1.FontName = "楷体_GB2312"
    End Select
End Sub
Private Sub Check1_Click(Index As Integer)
  Select Case Index
    Case 0
    Text1.FontBold = Check1(0).Value
    Case 1
     Text1.FontItalic = Check1(1).Value
    Case 2
     Text1.FontUnderline = Check1(2).Value
```

```
    Case 3
      Text1.FontStrikethru = Check1(3).Value
    End Select
End Sub
Private Sub Command1_Click()
  End
End Sub
```

【例 7.16】 设计一个计算器。先建立名字为 Command1 的控件数组，包含 19 个按钮，按钮的 Index 属性分别设置 Rem 0～9 分别对应数字 0～9，10 为小数点，11 为等号，12～15 分别对应"+""-""*"和"/"，16 对应"+/-"，17 对应"1/x"，18 对应求"sqr"。

本程序考虑了有效表达式的连算情况，在单击下一个运算符时，会将以前的运算结果显示出来

```
Dim StrNum1 As String, StrNum2 As String    '保存字符串型的两个数据
Dim FirstNum As Boolean                      '作为第一个数字的标志
Dim FirstPoint As Boolean                    '作为第一个小数点的标志
Dim FirstSign As Boolean         '作为第一个"+、-、*、/"这几个双目运算符的标志
Dim Runsign As Integer                       '保存前一个运算符的序号
Private Sub Form_Load()                       '对各模块级变量进行初始化
    If App.PrevInstance Then MsgBox "请不要多次运行此程序，谢谢! ", _
vbAbortRetryIgnore: Unload Me                '不能同时运行多个计算器
    FirstNum = True
    FirstPoint = True
    FirstSign = True
End Sub
Private Sub Command1_Click(Index As Integer)
    Select Case Index
        Case 0 To 9                          '如果单击 0 到 9 这 10 个数字，则
            If FirstNum Then                 '如果此数字是第一个数字
                StrNum1 = LTrim(Index)       '直接将序号作为数字（数值型转换成字符，
                            '正数的符号占一位空格，所以要用 LTrim 函数去掉此空格）
                FirstNum = False   '已经有一个数字了，将第一个数字的标志变为假，
                                   '即表示再单击的不是第一个数字
            Else
                StrNum1 = StrNum1 & command1(Index).Caption
                                   '否则，将其连接到前面的数字后面
            End If
            Text1.Text = StrNum1   '在文本框中显示当前数据
        Case 10                    '如果单击小数点
            If FirstPoint Then     '并且单击的是第一个小数点
                If FirstNum Then   '同时第一个小数点前无数字，则
                    StrNum1 = "0." '添个 0
                    FirstNum = False '表示小数点后的数字不是第一个数字
                Else
                    StrNum1 = StrNum1 & "."
                            '否则，说明第一个小数点前有数字，则将小数点添到数字后
                End If
                FirstPoint = False     '可避免在一个数据中连续输入多个小数点的情况
                Text1.Text = StrNum1   '在文本框中显示当前数据
            End If
```

```
        Case 12 To 15            '如果单击"+、-、*、/",则
            FirstNum = True      '表示运算符后再单击的数字是第一个数字
            FirstPoint = True    '表示运算符后再单击的小数点是第一个小数点
            If FirstSign Then    '如果是第一个运算符,则
                FirstSign = False '表示再单击的运算符将不是第一个运算符
                StrNum2 = StrNum1 '将第一个操作数保留在 StrNum2 中
            Else
                Call Run         '否则,将计算出上一次的运算结果
            End If
            Runsign = Index      '保留本次运算符的序号,作为下一次运算的依据
        Case 11                  '如果单击"=",则
            FirstNum = True      '表示"="后再单击的数字是第一个数字
            FirstPoint = True    '表示"="后再单击的小数点是第一个小数点
            If FirstSign Then    '如果"="之前无"+、-、*、/"运算符,则
                Text1.Text = StrNum1 '将第一个数作为结果显示出来
                StrNum2 = StrNum1 '并将其保留到 StrNum2 中,以便连续运算
            Else
                Call Run         '如果之前有"+、-、*、/"运算符,
                                 '则计算出上一次的运算结果
                StrNum1 = StrNum2 '将"="前面计算的结果当成下一次运算的数据
                FirstSign = True '表示"="后再单击的"+、-、*、/"运算符
                                 '是第一个运算符
            End If
        Case 16                  '如果单击"+/-",则
            StrNum1 = -StrNum1   '求相反数
            Text1.Text = StrNum1 '在文本框中显示结果
        Case 17 '如果单击"1/x",则
            If StrNum1 <> 0 Then
                StrNum1 = 1 / StrNum1 '求倒数
            Else
                StrNum1 = "Error"
            End If
            Text1.Text = StrNum1
        Case 18 '如果单击"sqr",则
            If StrNum1 >= 0 Then
                StrNum1 = Sqr(StrNum1) '开平方
            Else
                StrNum1 = "Error"
            End If
            Text1.Text = StrNum1
    End Select
End Sub
Sub Run()
    Dim Num1 As Double, Num2 As Double '保存数值型的两个数据
    Num1 = Val(StrNum2) '将保留在 StrNum2 中的第一个数转换成数值型的数存入 Num1
    Num2 = Val(StrNum1)
    Select Case Runsign
    Case 12
        StrNum2 = LTrim(Num1 + Num2) '将此次的结果作为下一次运算的数据保留
'在 StrNum2 中
```

```
        Case 13
            StrNum2 = LTrim(Num1 - Num2)
        Case 14
            StrNum2 = LTrim(Num1 * Num2)
        Case 15
            If Num2 <> 0 Then
                StrNum2 = LTrim(Num1 / Num2)
            Else
                StrNum2 = "Error"
            End If
        End Select
        Text1.Text = StrNum2 '将此次的结果显示出来
    End Sub
    Private Sub c_Click() '清除计算结果，并将相关模块级变量及相关对象属性设置初值
        StrNum1 = ""
        StrNum2 = ""
        FirstNum = True
        FirstPoint = True
        Runsign = 0
        FirstSign = True
        Text1.Text = 0
    End Sub
```

习 题 7

一、选择题

1. 下面的数组声明语句中正确的是（　　　　）。

   A. Dim gg[1,5] As String　　　　　　　　　B. Dim gg[1 To 5,1 To 5] As String

   C. Dim gg(1 To 5) As String　　　　　　　　D. Dim gg[1:5,1:5] As String

2. 用语句 Dim A (- 3 To 5) As Integer 定义的数组的元素个数为（　　　　）。

   A. 6　　　　　　　B. 7　　　　　　　　C. 8　　　　　　　　D. 9

3. 用语句 Dim arr(3 To 5,-2 to 2) As Integer 所定义的数组的元素个数为（　　　　）。

   A. 20　　　　　　B. 12　　　　　　　C. 15　　　　　　　D. 24

4. 要存放如下方阵的数据，在不浪费存储空间的基础上，能实现声明的语句是（　　　　）。

   1 2 3

   2 4 6

   3 6 9

   A. Dim A(9) As Integer　　　　　　　　　　B. Dim A(3,3) As Integer

   C. Dim A(-1 to 1,-3 to -1) As Single　　　　D. Dim A(-3 to -1,1 to 3) As Integer

5. 在窗体中添加一个命令按钮（Name 属性为 Command1），然后编写如下代码：

```
Private Sub Command1_Click()
    Dim arr1(10) As Integer, arr2(10) As Integer
    n = 3
    For i = 1 To 5
```

```
            arr1(i) = i
            arr2(n) = 2 * n + i
        Next i
        Print arr2(n); arr1(n)
     End Sub
```

程序运行后，单击按钮，输出结果为（   ）。

A. 11 3   B. 3 11   C. 13 3   D. 3 13

6. 以下程序的输出结果为（   ）。

```
   Option Base 1
   Private Sub Command1_Click()
        Dim a(10) As Integer,p(3) As Integer
        k=5
        For i=1 To 10
        a(i)=i
        Next i
        For i=1 To 3
            p(i)=a(i*i)
        Next I
        For i=1 To 3
            k=k+p(i)*2
        Next i
        Print k
     End sub
```

A. 33   B. 28   C. 35   D. 37

7. 在窗体上画一个名称为 Text1 的文本框和一个名称为 Command1 的命令按钮，然后编写如下事件过程：

```
   Private Sub Command1_Click()
        Dim array1(10,10)  As Integer
        Dim i As Integer,j As Integer
        For i=1 To 3
           For j=2 To 4
              array1(i,j)=i+j
           Next j
        Next i
        Text1.Text=array1(2,3)+array1(3,4)
     End Sub
```

程序运行后，单击命令按钮，在文本框中显示的值为（   ）。

A. 15   B. 14   C. 13   D. 12

二、填空题

1. 在窗体中添加一个命令按钮（其 Name 属性为 Command1），然后编写如下代码：

```
   Private Sub Command1_Click()
        Dim n() As Integer
        Dim a, b As Integer
        a = InputBox("Enter the first number")
        b = InputBox("Enter the second number")
        ReDim n(a To b)
        For k = LBound(n, 1) To UBound(n, 1)
```

```
        n(k) = k
        Print n(k),
     Next k
  End Sub
```
程序运行后，单击命令按钮，在输入对话框中分别输入 2 和 3，输出结果为_____

2. 在窗体上画一个名称为 Text1 的文本框，然后画 3 个单选按钮，并用这 3 个单选按钮建立一个控件数组，名称为 Option1。程序运行后，如果单击某个单选按钮，则文本框中的字体将根据所选择的单选按钮切换。请填空。

```
Private Sub Option1_Click(Index As Integer)
    Select Case
      Case 0
        a="宋体"
      Case 1
        a="黑体"
      Case 2
        a="楷体GB2312"
    End Select
    Textl._____ =a
  End Sub
```

3. 阅读程序：

```
Option Base 1
Private Sub Form_Click()
    Dim a(3) As Integer
    Print "输入的数据:";
    For i=1 To 3
        a(i)=InputBox("输入数据")
        Print a(i);
    Next
    Print
    If a(1)<a(2) Then
    t=a(1)
    a(1)=a(2)
    a(2)=_____
    End If
    If a(2)>a(3) Then
    m=a(2)
    ElseIf a(1)>a(3) Then
    m=_____
    Else
    m=_____
    End If
    Print "中间数:";m
  End Sub
```
程序运行后，单击窗体，在输入对话框中分别输入 3 个整数，程序将输出 3 个数中的中间数，请填空。

第8章　菜单和对话框设计

在 Windows 环境中，几乎所有的应用软件都通过菜单来实现各种操作。而对于 VB 应用程序来说，当操作比较简单时，一般通过控件来执行，而当要完成较复杂的操作时，使用菜单将很方便。

8.1　菜　单　设　计

从应用的角度看，菜单一般分为两种：下拉式菜单和弹出式菜单。在用 Visual Basic 设计菜单时，可把每个菜单项看成是一个控件，并具备与某些控件相同的属性。

8.1.1　菜单编辑器

Visual Basic 提供了设计菜单的工具，称为菜单编辑器。可以通过以下的 4 种方式进入菜单编辑器：

① 选择"工具"→"菜单编辑器"命令。

② 使用【Ctrl+E】组合键。

③ 单击工具栏中的"菜单编辑器"按钮。

④ 在要建立菜单的窗体上右击，将弹出一个菜单，然后选择"菜单编辑器"命令。

注意：只有当某个窗体为活动窗体时，才能用上面的方法打开菜单编辑器对话框。所打开的菜单编辑器如图 8-1 所示。

图 8-1　"菜单编辑器"对话框

菜单编辑器对话框分为 3 个部分，自上而下分别为：数据区、编辑区和菜单项显示区。下面介绍菜单编辑器的各项内容和作用。

（1）"标题"（Caption）文本框

是一个文本框，供用户输入菜单的标题，相当于菜单控件的 Caption 属性，如"文件""编辑"等。在这个文本框中输入的标题，会同时显示在菜单显示区。如果要通过键盘来访问菜单，使某一字符成为该菜单项的访问键，可以用"（& 字符）"格式。运行时访问字符会自动加上一条下画线，"&"字符则不可见。

（2）"名称"（Name）文本框

此输入框也是一个文本框，用来设置菜单项的名称（即 Name 属性）。它便于在程序代码中访问菜单项。菜单项名称应当是唯一的，但不同菜单中的子菜单项可以重名。菜单的名称一般以 mnu 作为前缀，后面为顶层菜单的名称。例如，"文件"菜单名称为"mnufile"，下一级子菜单项"打开"的名称为"mnufileopen"。

（3）"索引"（Index）文本框

为一个文本框，用来建立控件数组的下标。

（4）"快捷键"下拉列表框

是一个下拉列表框，单击其右侧的下拉箭头，会弹出一个下拉列表，其中列出可供用户选择的快捷键。

（5）"帮助上下文 ID"文本框

是菜单控件的 HelpConTextID 属性，用户可以输入一个数字作为帮助文本的标识符，可根据该数字在帮助文件中查找适当的帮助主题。

（6）"协调位置"下拉列表框

单击"协调位置"框右侧的下拉箭头，会出现一个下拉列表，用户可以通过这一下拉列表框来确定菜单是否出现或怎样出现，如 0-none（菜单项不显示），1-left（菜单项靠左显示）等。一般取 0 值。

（7）"复选"复选框

如选中"复选"复选框，可将一个"√"复选标记放在菜单项前面，通常用它来指出切换选项的开关状态，也可以用来指示几个模式中的哪一个模式正在起作用。

（8）"有效"复选框

用来设置该菜单项是否可执行，即这一菜单项是否对事件作出响应。如果不选中，这一菜单是无效的，不能被访问，呈灰色显示。

（9）"可见"复选框

用来设置该菜单项是否可见。若不选中该框，相应的菜单项将不可见。

（10）"显示窗口列表"复选框

用来设置在使用多文档应用程序时，是否使菜单控件中有一个包含当前打开的多文档文件窗格的列表框。

（11）菜单显示区

用来显示输入的菜单项。它通过内缩符号（4 个点"...."）表明菜单项的层次。条形光标所在的菜单项是当前菜单项。

（12）编辑按钮

处于菜单显示区的上方，共有 7 个按钮，它们用来对输入的菜单项进行简单编辑。

① "下一个"按钮：建立下一级菜单。

② ↑和↓按钮：在菜单项之间移动。

③ →按钮：每单击一次右箭头，产生一个内缩符号（4 个点 "...."），使选定的菜单下移一个等级。

④ ←按钮：使选定的菜单上移一个等级。

⑤ "插入"按钮：在当前选定行上方插入一行。

⑥ "删除"按钮：删除当前行。

（13）分隔线

为菜单项之间的一条水平线，当菜单项很多时，可以使用分隔线将菜单项划分成多组。插入分隔线的方法是：单击"插入"按钮，在"标题"文本框中键入一个连接字符（—，减号）。

菜单编辑完成后，单击菜单编辑器对话框中的"确定"按钮，所设计的菜单就显示在当前窗体上了。

8.1.2　建立菜单

这一节，通过一个例子来说明如何编写菜单程序，主要用它来说明菜单程序设计的基本方法和步骤，因而具有通用性。

【例 8.1】　利用下拉式菜单为标签中的文本内容设置不同的字体和风格，如图 8-2 所示。

设计步骤如下：

① 建立用户界面及设置对象属性，如图 8-3 所示。

其中，菜单编辑器中各菜单项的设置如表 8-1 所示。

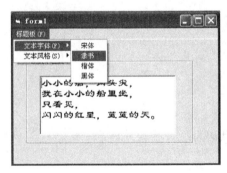
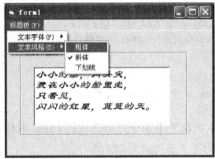

图 8-2　利用菜单控制标题板

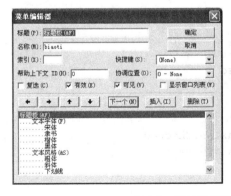
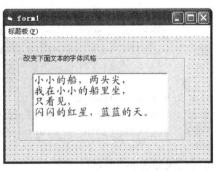

图 8-3　设计用户界面及设置对象属性

表 8-1　例 8.1 菜单项的设置

标　题	名　称	说　明
标题板(&F)	biaoti	主菜单项 1
文本字体(&N)	ziti	子菜单项 12
宋体	songti	子菜单项 121
隶书	sishu	子菜单项 122
楷体	kaiti	子菜单项 123
黑体	heiti	子菜单项 124
文本风格(&S)	fengge	子菜单项 13
粗体	cuti	子菜单项 131
斜体	xieti	子菜单项 132
下画线	xiahuaxian	子菜单项 133

② 编写程序代码。

"文本字体"中 4 个菜单选项的 Click 事件代码为：

```
Private Sub songti_Click()
    Text1.FontName = "宋体"
End Sub

Private Sub lishu_Click()
    Text1.FontName = "隶书"
End Sub

Private Sub kaiti_Click()
    Text1.FontName = "楷体_GB2312"
End Sub

Private Sub heiti_Click()
    Text1.FontName = "黑体"
End Sub
```

"文本风格"中 3 个菜单选项的 Click 事件代码为：

```
Private Sub cuti_Click()
    cuti.Checked = Not cuti.Checked
    Text1.FontBold = cuti.Checked
End Sub

Private Sub xieti_Click()
    xieti.Checked = Not xieti.Checked
    Text1.FontItalic = xieti.Checked
End Sub

Private Sub xiahuaxian_Click()
    xiahuaxian.Checked = Not xiahuaxian.Checked
    Text1.FontUnderline = xiahuaxian.Checked
End Sub
```

程序运行结果如图 8-2 所示。

8.1.3 菜单项的控制

在使用 Windows 和 Visual Basic 菜单时，我们发现有些菜单项呈灰色，在单击这类菜单项时不执行任何操作；有的菜单项前面有"√"号，或者在菜单项的某个字母下面有下画线，这一节介绍如何在菜单中设置这些属性。

1. 使菜单有效或无效

菜单中的某些菜单项应能根据执行条件的不同进行动态变化，即当条件满足时可以执行，否则不能执行。这需要用菜单项的有效性（Enabled）来实现，所有的菜单项都具有 enabled 属性，当该属性为 true 时，菜单项有效；若为 false，菜单项会变暗（灰色），菜单命令无效。例如：mun30.enabled=false。

2. 显示菜单项的复选标记

菜单项标记是指在菜单项前加上一个"√"。它有两个作用：一是可以明显地表示当时某个命令状态是"on"或"off"；二是可以表示当前选择的是哪个菜单项。即在菜单项前显示一个复选标记"√"，表示打开 / 关闭状态或标记几个模式中的哪一个正在起作用。使用菜单项的 checked 属性，可以设置复选标记。如果 checked 属性为 True，表示含有复选标记；为 False 时表示消除复选标记。例如：mun31.checked=true。

3. 使菜单项可见或不可见

在运行时，要使一个菜单项可见或不可见，可以在代码中设置 Visible 属性，例如：

mun30.Visible=True 可使菜单项 mun30 不可见。

8.1.4 菜单项的增减

用上面的方法建立的菜单是固定的，菜单项不能自动增减。在 Visual Basic 和 Word 等应用程序中，其子菜单可以根据当前打开文件的多少而动态变化，在实际应用中，有时候会需要自动增减菜单项的操作，下面介绍如何实现这种操作。

菜单项的增减通过控件数组来实现，一个控件数组含有若干个控件，这些控件的名称相同，所使用的事件过程相同，但其中的每个元素可以有自己的属性。和普通数组一样，通过下标（index）访问控件数组的元素。控件数组可以在设计阶段建立，也可以在运行时建立。

【例8.2】编写程序，实现菜单项的增减操作。

假定有一个刚刚建立尚未执行的菜单，如图 8-4 所示，它有一个主菜单项"应用程序"，在该主菜单项下有两个子菜单项"增加应用程序"和"减少应用程序"及分隔线。要求：单击"增加应用程序"时在分隔线下面增加一个新的菜单项，单击"减少应用程序"时删除分隔线下面一个指定的菜单项。如果单击新增加的菜单项，则可以执行指定的应用程序。

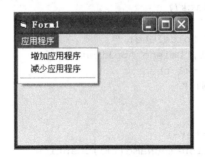

图 8-4 例 8.2 原始菜单

按以下步骤操作：

① 执行"工具"→"菜单编辑器"命令，弹出菜单编辑器对话框。

② 各菜单项的属性设置（见表 8-2）。

表 8-2　例 8.2 各菜单项及属性

标　题	名　称	内缩符号	可见性	下　标
应用程序	mnuapps	无	true	无
增加应用程序	mnuadd	1	true	无
减少应用程序	mnudel	1	true	无
-	sepbar	1	true	无
（空白）	mnuName	1	false	0

最后一项的"标题"属性为空白；"可见性"属性为 false；其下标为 0。在菜单编辑器窗口中按上述属性输入最后一项，它是一个子菜单项，但暂时是看不见的。mnuName(0)是控件数组的第一个元素。

③ 窗体层定义如下变量：

```
Dim mnucounter As Integer
```

该变量用作控件数组的下标。

④ 编写增加新菜单项的程序代码。根据题意，当单击 mnuadd 时增加新菜单项，编写如下的事件过程：

```
Private Sub mnuadd_Click()
    msg$= "Enter file path: "
    temp$=InputBox(msg$, "add Application")
    mnucounter=mnucounter+1
    Load mnuName(mnucounter)
    mnuName(mnucounter).Caption=temp$
    mnuName(mnucounter).Visible=true
End Sub
```

上述过程是单击子菜单 mnuadd 时产生的操作。它首先显示一个输入对话框，让用户输入应用程序的名字，接着下标值增 1，用 Load 语句建立控件数组的新元素，并把输入的应用程序的名字设置为该元素的 Caption 属性（即菜单项），用"Visible=true"使该菜单项可见。

⑤ 编写删除菜单项的事件过程。用 Load 语句建立的控件数组元素，可以用 unLoad 语句删除。单击子菜单项 mnudel 时产生的事件过程如下：

```
Private Sub mnudel_Click()
    Dim n As integer, i As integer
    msg$="Enter number to delete: "
    n=Val(InputBox(msg$,"Delete Application"))
    If n>mnucounter Or n<1 then
        msgBox "超出范围！"
        Exit Sub
    End if
    For  i=n to mnucounter-1
        mnuName(i).Caption=mnuName(i+1).Caption
    Next  i
```

```
    unLoad mnuName(mnucounter)
    mnucounter=mnucounter-1
End Sub
```

上述事件过程是单击菜单项 mnudel 时所执行的操作。它首先显示一个对话框，要求用户输入要删除的应用程序文件名的编号，即下标，接着检查该下标是否在指定的范围内。如果不在此范围内，则用 msgBox 语句显示"超出范围！"，并退出过程；如果在此范围内，则将其所对应的文件名删除。

从过程中可以看出，删除指定菜单项的操作并不是直接进行的，而是从被删除的菜单项开始，用后面的菜单项覆盖前面的菜单项，然后再删除最后一个菜单项。假定新建 6 个菜单项，其标题为 menu1，menu2，…，menu6，如果要删除第 4 个菜单项（menu4），即 N＝4，则在 for 循环中从 menu4 开始，依次用其后的菜单项（Caption 属性）覆盖其前面的菜单项。执行过程如表 8-3 所示。

表 8-3　删除菜单项的执行过程

下标（index）	删除前	执行 for 循环后	最后结果
1	menu1	menu1	menu1
2	menu2	menu2	menu2
3	menu3	menu3	menu3
4	menu4	menu5	menu5
5	menu5	menu6	menu6
6	menu6	menu6	

经过移动和覆盖之后，menu4 被去掉，但 menu6 变成了两个，所以应删除一个 menu6。用 UnLoad 语句删除该数组元素，控件数组的元素个数由 6 个变为 5 个，因此计数器 mnucounter 应减 1。

新增加的菜单项是一些应用程序的名字（包括路径）。为了执行这些应用程序，应编写如下的 mnuName 的 Click 事件过程：

```
Private Sub mnuName_Click(index As Integer)
    x=shell(mnuName(mnucounter).Caption,1)
End Sub
```

至此，增加、删除菜单项和执行应用程序的事件过程已全部编写完毕。运行上面的程序，输入 "pbrush"，即可在分隔线下面增加一个菜单项。用同样的方法，输入 "calc" 和 "notepad"，则可新增加 3 个菜单项，如图 8-5 所示，此时如果单击 "calc"，则显示 "计算器"。

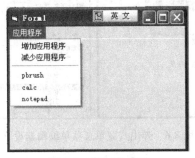

图 8-5　增加菜单项

在输入上面新增加的应用程序时，可以加上扩展名 ".exe"。此外，如果应用程序不在系统指定的路径下，则应加上完整的路径。

每单击一次"增加应用程序",在对话框中输入应用程序文件名,就可以把一个菜单项加到菜单中。而如果单击"减少应用程序",并输入相应的下标,就可以删除一个新增加的菜单项。

8.1.5　弹出式菜单

弹出式菜单又称为快捷菜单,是单击鼠标右键时弹出的菜单。它能以灵活的方式为用户提供方便快捷的操作。设计弹出式菜单仍然使用 Visual Basic 提供的菜单编辑器,只要把某个顶层菜单项设置成隐藏就行了。创建弹出式菜单的步骤如下:

① 用菜单编辑器设计菜单。

② 置顶层菜单项为不可见,即不选中菜单编辑器里的"可见"选项或在属性窗口中设定 Visible 属性为 false。

③ 编写与弹出式菜单相关联的 mouseup（释放鼠标）事件过程。其中用到对象的 popupmenu 方法。格式为:

[对象.]popupmenu 菜单名 [,位置常数][,横坐标[,纵坐标]]

其中,位置常数有以下几种:

- vbPopupMenuLeftAlign:用横坐标位置定义该弹出式菜单的左边界。
- vbPopupMenuCenterAlign:弹出的弹出式菜单以横坐标位置为中心。
- vbPopupMenuRightAlign:用横坐标位置定义该弹出式菜单的右边界。

【例 8.3】　在例 8.1 中实现弹出式菜单。

增加窗体的 MouseDown 事件代码为:

```
Private Sub Form_MouseDown(Button As Integer, Shift As Integer, _
                        X As Single, Y As Single)
    If Button = 2 Then
    PopupMenu fengge
    End If
End Sub
```

程序运行时,右击窗体空白处,即会弹出弹出式菜单,如图 8-6 所示。

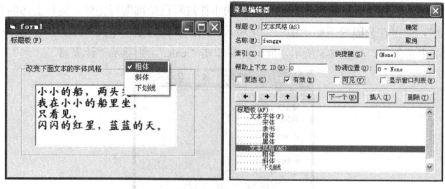

图 8-6　弹出式菜单及菜单编辑器设置

8.2　Visual Basic 的通用对话框

对话框是 Windows 应用程序和用户交互的重要手段,通过对话框可以输入必要的数据,或向用户显示信息。例如当输入错误的数据时，屏幕上会出现一个对话框，告诉用户"数据出错"，并请用户选择"重试"或"取消"。这种界面使用户感到直观方便。Visual Basic 提供了 InputBox() 函数和 MsgBox()函数，用这两个函数可以建立简单的对话框，即输入对话框和消息框。而有些情况下，这样的对话框不能满足实际需要。例如，打开一个文件时，弹出"打开文件"对话框，用于展示现存文件，供用户从中选择；保存文件时，弹出"文件另存为"对话框，让用户输入一个文件名；从应用程序的帮助菜单中选择"关于"菜单项，弹出"关于"对话框，向用户展示该程序的版权信息等。Visual Basic 允许用户根据实际需要在窗体上设计较复杂的对话框。

　　Visual Basic 6.0 的通用对话框 Common Dialog 控件提供了一组基于 Windows 的标准对话框界面。使用单个的通用对话框控件，可以显示文件打开、另存为、颜色、字体、打印和帮助对话框。这些对话框仅用于返回信息，不能真正实现文件打开、存储、颜色设置、字体设置和打印等操作。如果想要实现这些功能，必须通过编程解决。

　　Common Dialog 控件是 ActiveX 控件，需要通过"工程"→"部件"命令选择 MicroSoft Common Dialog 选项，将 Common Dialog 控件添加到工具箱。在设计状态下，Common Dialog 控件以图标的形式显示在窗体上，其大小不能改变，在程序运行时，控件本身被隐藏。要在程序中显示通用对话框，必须对控件的 Action 属性赋予正确的值。另一个更好的调用通用对话框的办法是，使用说明性的 Show 方法来代替数字值。如表 8-4 所示给出了显示通用对话框的属性值和方法。

表 8-4　通用对话框的设置

对话框类型	Action 属性	方　　法
打开文件（Open）	1	ShowOpen
保存文件（Save as）	2	ShowsSave
选择颜色（Color）	3	ShowColor
选择字体（Font）	4	ShowFont
打印（Print）	5	ShowPrinter
帮助文件（Help）	6	ShowHelp

　　通用对话框的默认名称为 CommonDialog1，CommonDialog2，…对话框的类型不是在设计阶段设置的，而是在程序运行时设置的。例如：

```
CommonDialog1.Action=3  或  CommonDialog1.ShowColor
```
就指定了对话框的类型为颜色对话框。下面我们将对这几种对话框进行一一介绍。

8.2.1　打开（open）文件对话框

　　【例 8.4】设计一个"打开文件"对话框，并将选中文件的文件名显示在窗体中，步骤如下：
　　① 单击工具箱中的通用对话框的图标（Common Dialog）。
　　② 用拖动鼠标的方法在窗体中某个位置画出通用对话框的图标，该控件的默认名称属性为 CommonDialog1。请注意，在窗体上显示出的图标大小是固定的，不能改变，在程序运行时该图标消失。

　　③ 在窗体上画两个命令按钮："打开文件"和"退出"。通过单击"打开文件"按钮触发一个事件以显示出"打开文件"对话框；单击"退出"按钮，结束程序的运行。此时的窗体如图 8-7 所示。

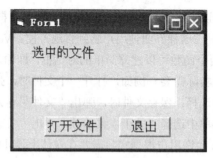

图 8-7　例 8.4 程序界面

④ 在窗体上画两个标签框，其名称属性分别定为 lblTitle 和 lblFile，用于显示提示信息 "选中的文件" 和被选中的实际文件名。lblTitle 的 Caption 属性设为 "选中的文件"，lblFile 的 Caption 属性置空。注意，建立图 8-7 所示窗口的目的是产生打开文件对话框，并获得所选的文件名，要真正打开文件需要另外编写代码。

⑤ 单击窗体中的通用对话框图标，使之 "激活"。再右击，在弹出的快捷菜单中选择 "属性" 命令，弹出 "属性页" 对话框，如图 8-8 所示。

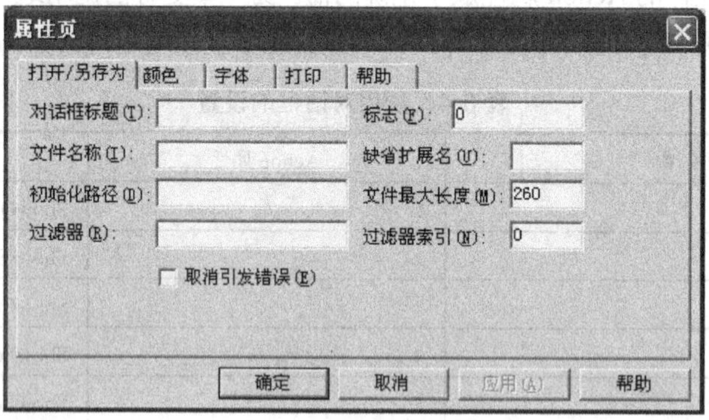

图 8-8　属性页

⑥ 从图 8-8 中可以看出："属性页" 对话框中有 5 个选项卡，分别是 "打开 / 另存为" "颜色" "字体" "打印" 和 "帮助"，供用户选择。选择 "打开 / 另存为" 选项卡，显示如图 8-8 所示的 9 个属性。

"属性页" 中的这些属性既可以在设计时设定，也可以在运行时指定，有些属性还可以作为控件的返回值取用。在以上 9 项中，有些选项系统给出了默认值，有些需要用户根据实际需要设置。我们可以做如下的设置：

对话框标题：打开文件

初始化路径：E:\sxl

过滤器：AllFile[*.*]|*.*|frm 文件|*.frm|vbp 文件|*.vbp

然后单击 "确定" 按钮，完成参数的设置。

下面是图 8-7 "打开文件" 命令按钮的单击事件过程代码：

```
Private Sub cmdopen_Click()
  commondialog1.action=1
  lblfile.Caption=commondialog1.fileName
End Sub
```

程序开始执行后，单击窗体上的"打开文件"命令按钮，即执行上面的事件过程，第一行 commondialog1.action=1 的作用是显示出一个题目所要求的"打开文件对话框"。然后我们可以从中选择一个文件，该文件的名字将显示在 lblfile 标签框中。需要用户注意的是：用户选择了其中一个文件名并按"打开"按钮后，并未真的打开一个文件。如果要打开该文件，还应编写相应的程序段。

下面介绍一些打开和保存对话框共同的属性，这些属性在保存对话框中不再赘述。

① 默认扩展名（DefaultText）属性：设置对话框中默认文件类型，即扩展名。该扩展名出现在"文件类型"栏内。如果打开或保存的文件名没有给出扩展名，则自动将 DefaultText 属性值作为其扩展名。

② 对话框标题（DialogTitle）属性：该属性用来设置对话框的标题。在默认情况下，"打开"对话框的标题是"打开"，"保存"对话框的标题是"保存"。

③ 文件名（FileName）属性：用来设置或返回要打开或保存的文件的路径及文件名。在文件对话框中显示一系列文件名，如果选择了一个文件并单击"打开"或"保存"按钮，所选择的文件即作为 FileName 属性值。

④ 文件标题（Filetitle）属性：用来指定文件对话框中所选择的文件名（不包括路径）。该属性与 FileName 属性的区别是：FileName 属性用来指定完整的路径，如"E:\sxl\prog1.vbp"，而 Filetitle 只指定文件名，如"prog1.vbp"。

⑤ 过滤器（Filter）属性：用来指定在对话框中显示的文件类型。用该属性可以设置多个文件类型，供用户在对话框的"文件类型"下拉列表框中选择。Filter 的属性值由一对或多对文本字符串组成，每对字符串用管道符"|"隔开，在"|"面前的部分称为描述符，后面的部分一般为通配符和文件扩展名，称为"过滤器"，如*.txt 等，各对字符串之间也用管道符隔开。其格式如下：

［窗体.］对话框名.Filter=描述符 1|过滤器 1|描述符 2|过滤器 2…

⑥ 过滤器索引（Filterindex）属性：用来指定默认的过滤器，其设置值为一个整数。用 Filter 属性设置多个过滤器后，每个过滤器都有一个值，第一个过滤器的值为 1，第二个过滤器的值为 2……用 Filterindex 属性可以指定作为默认显示的过滤器。例如：Commondialog1.Filterindex=3 将把第三个过滤器作为默认显示的过滤器。

⑦ 标志（Flags）属性：为文件对话框设置选择开关，用来控制对话框的外观，其格式如下：对象.Flags［=值］，其中"对象"为通用对话框的 Flags 属性，属性值及其含义如表 8-5 所示。

表 8-5　Flags 属性值及其作用

属性值	作　　用
1	在对话框中显示"只读检查"（Read Only Check）复选框
2	如果用磁盘上已有的文件名保存文件，则显示一个信息框，询问用户是否覆盖现有文件。
4	取消"只读检查"复选框
8	保留当前目录
16	显示一个"Help"按钮
256	允许在文件中有无效字符
512	允许用户选择多个文件，所选择的多个文件作为字符串存放在 FileName 中，各文件名用空格隔开

续表

属性值	作　用
1024	用户指定的文件扩展名与由 DefaultText 属性所设置的扩展名不同。如果 DefaultText 属性为空，则该标志无效
2048	只允许输入有效的路径。如果输入了无效的路径，则发出警告
4096	禁止输入对话框中没有列出的文件名。设置该标志后，将自动设置 2048
8192	询问用户是否要建立一个新文件。设置该标志后，将自动设置 4096 和 2048
16384	对话框忽略网络共享冲突的情况
32768	选择的文件不是只读文件，并且不在一个写保护的目录中

⑧ 初始化路径（InitDir）属性：用来指定对话框中显示的起始目录。如果没有设置 InitDir，则显示当前目录。

⑨ 文件最大长度（MaxFileSize）属性：设定 FileName 属性的最大长度，以字节为单位。取值范围为 1～2048，默认为 256。

⑩ 取消引发错误（CancelError）属性：如果该属性被设置为 True，则当单击 Cancel（取消）按钮关闭一个对话框时，将显示出错信息，如果设置为 False，则不显示出错信息。

8.2.2　保存（save as）文件对话框

建立一个"保存文件"对话框的过程与建立"打开文件"对话框的过程相似，既可以在设计阶段通过"属性页"对话框进行设置，也可以在程序运行时设置各属性值。

【例 8.5】在窗体上添加一个通用对话框和一个命令按钮，当程序运行时，单击命令按钮，打开一个"保存文件"对话框。

为"保存文件"命令按钮编写以下事件过程：

```
Private Sub cmdsave_Click()
    CommonDialog1.DialogTitle = "保存文件"
    CommonDialog1.Filter = "frm 文件|*.frm|All Files(*.*)|*.*"
    CommonDialog1.FilterIndex = 1
    CommonDialog1.InitDir = "f:\sxl\新编教材"
    CommonDialog1.Flags = 6
    CommonDialog1.Action = 2
End Sub
```

运行时显示一个"保存文件"对话框，如图 8-9 所示。

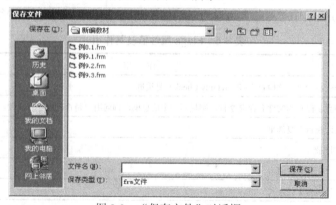

图 8-9　"保存文件"对话框

在程序中指定 Action 属性值为 2；故对话框为"保存文件"类型，FilterIndex 值为 1，故对话框中过滤的文件类型的缺省值为"*.frm"，Flags 的值为 6，在表 8-5 中没有直接找到属性值为 6 的项，Flags 的值可以是表 8-5 中两项或多项的和，例如：6＝2＋4，这样对话框同时具有 Flags=2 和 Flags=4 的特性，即对话框中不出现"只读检查"选择框，以及当用户选中磁盘中已存在的文件名时会出现一个消息框，询问用户是否覆盖已有的文件。如果在运行时出现用户选中一个已存在的同名文件，则会出现覆盖提示信息框。

8.2.3 颜色（color）对话框

颜色对话框用来设置颜色。它具有与文件对话框相同的一些属性，包括取消引发错误、对话框标题等，此外还有两个属性是该对话框的特性，即颜色（Color）属性、标志（Flags）属性。其中颜色（Color）属性用来设置初始颜色，并把在对话框中选择的颜色返回给应用程序。该属性是一个长整型数。Flags 属性的取值如表 8-6 所示。

表 8-6 Flags 属性值及其作用

属性值	作　　用
1	使得 Color 属性定义的颜色在首次显示对话框时随着显示出来
2	打开完整对话框，包括"用户自定义颜色"窗口
4	禁止选择"规定自定义颜色"按钮
8	显示一个"Help"按钮

【例 8.6】 利用颜色对话框将文本框中的文字改变颜色。窗体设计如图 8-10 所示。

"改变颜色"命令按钮的事件过程如下：

```
Private Sub Command1_Click()
    CommonDialog1.Action = 3
    Text1.ForeColor = CommonDialog1.Color
End Sub
```

在 Command1_Click 事件过程中的第 2 行语句的作用是将对话框定义为颜色对话框，并打开颜色对话框。第 3 行语句的作用是：用户选择好颜色后，将该颜色赋给文本框中的"前景色"，从而使文本框中的文本颜色发生改变。

程序开始运行后，用户单击窗体中的"改变颜色"命令按钮，会触发上面的单击事件过程，屏幕会弹出颜色对话框，如图 8-11 所示。

图 8-10　例 8.6 程序界面

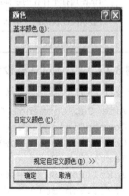

图 8-11　"颜色"对话框

从"基本颜色"列表中选择一种喜欢的颜色，然后单击"确定"按钮，文本框中文本的颜色就会随即发生变化。如果用户认为"基本颜色"列表中的颜色不能满足要求，可以单击图中的"规定自定义颜色"按钮，自己根据需要定义颜色。

8.2.4 字体（font）对话框

在 Visual Basic 中，字体通过 Font 对话框或字体属性设置。利用通用对话框控件，可以建立一个字体对话框，并可在该对话框中设置应用程序所需要的字体。

字体对话框具有如下的属性：

① 标志（Flags）属性：其属性值含义如表 8-7 所示。

② FontBold、FontItalic、FontName、FontSize、FontUnderline、FontStrikethru 这些属性可以在对话框中选择，也可以通过程序代码赋值。

③ Max 和 Min 属性：字体大小用点（一个点的高度是 1/72 英寸）量度。在默认情况下，字体大小的范围为 1~2048 个点，用 Max 和 Min 属性可以指定字体大小的范围。注意，在设置 Max 和 Min 属性之前必须把 Flags 属性值设置为 8192。

表 8-7 Flags 属性值的含义

属性值	作　　用
1	只显示屏幕字体
2	只列出打印机字体
3	列出打印机和屏幕字体
4	显示一个 Help 按钮
256	允许中画线、下画线和颜色
512	允许 Apply 按钮
1024	不允许使用 Windows 字符集的字体
2048	不允许使用矢量字库
4096	不允许图形设备接口字体仿真
8192	只显示在 Max 属性和 Min 属性指定范围内的字体
16384	只显示固定字符间距
32768	只允许选择屏幕和打印机可用的字体，该属性值应当与 3 和 131072 同时设置
65536	当试图选择不存在的字体或类型时，将显示出错信息
131072	只显示按比例缩放的字体
262144	只显示 Truetype 字体

【例 8.7】用字体对话框设置文本框中显示的字体。窗体设计如图 8-12 所示。

对改变字体命令按钮编写如下事件过程：

```
Private Sub Command1_Click()
    CommonDialog1.Flags = 3
    CommonDialog1.ShowFont
    Text1.FontName = CommonDialog1.FontName
    Text1.FontSize = CommonDialog1.FontSize
    Text1.FontBold = CommonDialog1.FontBold
```

```
Text1.FontItalic = CommonDialog1.FontItalic
Text1.FontUnderline = CommonDialog1.FontUnderline
Text1.FontStrikethru = CommonDialog1.FontStrikethru
End Sub
```

上面的程序首先把通用对话框中的 Flags 属性设置为 3，从而可以设置屏幕显示和打印机字体，接着用 ShowFont 方法显示字体对话框，然后把在字体对话框中设置的字体属性赋给文本框字体的属性，并在窗体上显示出所设置的值。程序运行后，单击"改变字体"按钮，显示"字体"对话框，如图 8-13 所示。

图 8-12　例 8.7 程序界面

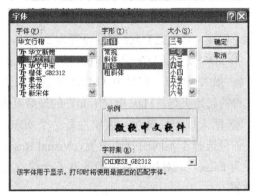

图 8-13　字体对话框

根据需要在图 8-13 所示的对话框中设置字体，然后单击"确定"按钮，文本框中的文本即会发生改变。

8.2.5　打印（Print）对话框

当通用对话框的 Action 属性值为 5 时，通用对话框作为打印对话框使用。用打印对话框可以选择要使用的打印机，并可为打印处理指定相应的选项。打印对话框的主要属性有：

① 复制（Copies）属性。指定要打印的文档的拷贝数。如果把 Flags 属性值设置为 262144，则 copies 属性值总为 1。

② 标志（Flags）属性。该属性值的作用如表 8-8 所示。

表 8-8　Flags 属性值的含义

属性值	作　　用
0	返回或设置"全部"单选按钮的状态
1	返回或设置"选定范围"单选按钮的状态
2	返回或设置"页码"单选按钮的状态
4	禁止"选定范围"单选按钮
8	禁止"页码"单选按钮
32	返回或设置"打印到文件"复选框的状态
64	显示"打印设置"对话框
128	当没有默认打印机时，显示警告信息
256	在对话框的 hDC 属性中返回"设备环境"，hDC 指向用户所选择的打印机

续表

属性值	作　用
512	在对话框的 hDC 属性中返回"信息上下文"，hDC 指向用户所选择的打印机
2048	显示一个 Help 按钮
262144	如果打印机驱动程序不支持多份拷贝，则设置这个值将禁止拷贝编辑控制，只能打印 1 份
524288	禁止"打印到文件"复选框
1048576	隐藏"打印到文件"复选框

③ 起始页（Frompage）属性和终止页（Topage）属性。指定要打印文档的页范围。如果要使用这个属性，必须把 Flags 属性设置为 2。

④ hDC 属性。分配给打印机的句柄，用来识别对象的设备环境，用于 API 调用。

⑤ 最大（Max）和最小（Min）属性。用来限制 Frompage 和 Topage 的范围，其中 Min 指定所允许的起始页码，Max 指定所允许的最后页码。

⑥ 默认打印机属性。该属性是一个布尔值，在默认情况下为 True。当该属性值为 True 时，如果选择了不同的打印设置，Visual Basic 将对 win.ini 文件作相应的修改。如果把该属性值设为 False，则对打印设置的改变不会保存在 win.ini 文件中，并且不会成为打印机的当前默认设置。

打印对话框通过 ShowPrint 或 Action 属性建立。

【例 8.8】 建立打印对话框。

在窗体上画一个通用对话框和一个命令按钮，然后编写如下事件过程：

```
Private Sub Command1_Click()
    commondialog1.action=5
End Sub
```

运行程序，单击命令按钮，显示的"打印"对话框如图 8-14 所示。

图 8-14 "打印"对话框

习 题 8

一、选择题

1. 要使菜单项 MenuOne 在程序运行时失效，使用的语句是（　　　）。

　　A. MenuOne.Visible=True 　　　　　　　B. MenuOne.Visible=False

　　C. MenuOne.Enabled=True 　　　　　　　D. MenuOne.Enabled=False

2. 在 VB 中要设置菜单项的快捷访问键，应使用符号（　　　）。

　　A. & 　　　　　B. * 　　　　　C. 　　　　　D. @

3. 在用菜单编辑器设计菜单时，必须输入的项是（　　　）。

　　A. 快捷键 　　　B. 标题 　　　C. 索引 　　　D. 名称

4. 设菜单中有一个菜单项为 "Open"。若要为该菜单命令设计访问键，即按下【Alt】键及【O】
　键时，能够执行 "Open" 命令，则在菜单编辑器中设置 "Open" 命令的方式为（　　　）。

　　A. 把 Caption 属性设置为&Open 　　　　　B. 把 Caption 属性设置为 O&pen

　　C. 把 Name 属性设置为&Open 　　　　　　D. 把 Name 属性设置为 O&pen

5. 在某菜单中，有一菜单项（Caption）内容是 "NEW"，名字（Name）是 "Create"，则单击该
　菜单项所产生的事件过程为：（　　　）。

　　A. Private Sub MnuNEW_Click() 　　　　　B. Private Sub Create_Click()

　　C. Private Sub NEW_Click() 　　　　　　　D. Sub Mnu_Create_Click()

6. 菜单控件只包含一个事件，即（　　　），当用鼠标单击或键盘选中后按【Enter】键触发该事件，
　除分隔条以外的所有菜单控件都能识别该事件。

　　A. GotFocus 　　　B. Load 　　　　C. Click 　　　　D. KeyDown

7. 在下列关于菜单的说法中，错误的是（　　　）。

　　A. 每一个菜单项都是一个控件，与其他控件一样都有自己的属性和事件

　　B. 除了 Click 事件之外，菜单项还能响应其他的如 DblClick 等事件过程

　　C. 菜单项的快捷键不可以任意设置

　　D. 在程序执行时，如果菜单项的 Enabled 属性为 False，则该菜单项变成灰色，不能被用户
　　　选择

8. 下列有关子菜单的说法中，错误的是（　　　）。

　　A. 除了 Click 事件之外，菜单项不可以响应其他事件

　　B. 每个菜单项都是一个控件，与其他控件一样也有其属性和事件

　　C. 菜单项的索引号必须从 1 开始

　　D. 菜单项的索引号可以不连续

9. 以下关于菜单的叙述中，错误的是（　　　）。

　　A. 在程序运行过程中可以增加或减少菜单项

　　B. 如果把一个菜单的 Enabled 属性设置为 False，则可删除该菜单项

　　C. 弹出式菜单在菜单编辑器中设计

　　D. 利用控件数组可以实现菜单项的增加或减少

10. 以下叙述中错误的是（　　　）。

    A. 下拉式菜单和弹出式菜单都用菜单编辑器建立

    B. 在多窗体程序中，每个窗体都可以建立自己的菜单系统

    C. 除分隔线外，所有菜单项都能接收 Click 事件

    D. 如果把一个菜单项的 Enabled 属性设置为 False，则该菜单项不可用

11. 下列说法正确的是（　　　）。

    A. 任何时候都可以使用标准工具栏的"菜单编辑器"按钮打开菜单编辑器

    B. 只有当代码窗口为当前活动窗口时，才能打开菜单编辑器

    C. 只有当某个窗体为当前活动窗体时，才能打开菜单编辑器

    D. 任何时候都可以使用"工具"菜单下的"菜单编辑器"命令，打开菜单编辑器

12. 在窗体上建立通用对话框需要添加的控件是（　　　）。

    A. Data   B. From   C. CommonDialog   D. VBComboBox

13. 要利用通用对话框控件来显示"保存文件"对话框，需要调用控件的（　　　）方法。

    A. ShowPrinter   B. ShowOpen   C. ShowSave   D. ShowColor

14. 假定在窗体上建立一个通用对话框，其名称为 CommonDialog1，用下面的语句可以建立一个对话框：

```
CommonDialog1.Action=1
```

    与该语句等价的语句为（　　　）。

    A. CommonDialog1. ShowOpen   B. CommonDialog1. ShowSave

    C. CommonDialog1. ShowColor   D. CommonDialog1. ShowFont

15. 关于通用对话框控件叙述不正确的是（　　　）。

    A. CommonDialog 控件是提供如打开和保存文件、设置打印选项、选择颜色和字体等操作的一组标准对话框

    B. 在运行 Windows 帮助引擎时，控件能够显示帮助信息

    C. 控件显示的对话框由控件的方法决定

    D. 设计时在窗体上将该控件显示成一个图标，此图标的大小可以调整

二、填空题

1. 菜单编辑器可分为 3 个部分，即数据区、_____ 和菜单项显示区。

2. 在菜单编辑器中，菜单项前面的 4 个小点的含义是_____ 符号。

3. 制作菜单的分隔栏时，选用的符号是_____。

4. 窗体中有一公共对话框 Comdialog1 和一个命令按钮 Command1，当单击按钮时打开颜色对话框。请将程序补充完整。

```
Private Sub Command1_Click()
    ComDialog1._____
End Sub
```

5. 在文件对话框中，假定有一个名为"fc.exe"的文件，它位于"d:\pp"目录下，则"FileName"属性的值为_____，FileTitle 属性的值为_____。

第9章　多重窗体程序设计与环境应用

9.1　多重窗体程序的设计

Windows 应用程序的用户界面样式一般分为单文档界面（SDI - Single Document Interface）与多文档界面（MDI - Multiple Document Interface）。多文档应用程序允许用户同时显示多个文档窗口，为多个打开的文档提供工作空间的窗体叫做主窗体，也称其为 MDI 窗体。例如，Windows 中的"计算器""记事本"和"画图"等应用程序是单文档界面。在这个界面中，当打开一个文件时，自动关闭原来的文件。同一个时刻，只能处理一个文档。而 Windows 中的 Word 和 Excel 等应用程序是多文档界面。具有这种界面的应用程序的特点是在程序运行时，可以同时打开多个文档。在 Word 启动之后，可以通过"新建"或"打开"操作多个文档窗口。每个文档窗口都可以编辑、处理文档文件，所有这些文档窗口都被限制在 Word 窗口之中。各个打开的文档窗口彼此独立。

多文档界面的应用程序可以包含 3 类窗体：MDI 父窗体(也称为 MDI 窗体或称为主窗体)、MDI 子窗体(也称为子窗体)及普通窗体(也称为标准窗体)。用户可以在父窗体内建立和维护多个子窗体，子窗体可以显示各自的文档，但所有子窗体都具有相同的功能。例如：在 word 中，多个打开的文档窗口被限制在一个窗口中，这个窗口称为主窗体；而那些被限制在主窗体中的窗口称为子窗体。一个应用程序可以包含多个 MDI 子窗体，但只能有一个 MDI 父窗体。

多文档窗体的特性如下：

① 所有子窗体均显示在 MDI 父窗体的工作区中。用户可改变子窗体的大小、移动子窗体，但被限制在 MDI 父窗体中。

② 当子窗体最小化时，其图标显示在 MDI 父窗体的工作空间内，而不是在任务栏中。当最小化 MDI 窗体时，所有子窗体也被最小化，只有 MDI 窗体的图标出现在任务栏中。

③ 当最大化一个子窗体时，它的标题与 MDI 窗体的标题一起显示在 MDI 窗体的标题栏上。

④ MDI 窗体和子窗体都可以有各自的菜单，当子窗体加载时覆盖 MDI 窗体的菜单。开发多文档界面的应用程序至少需要两个窗体：一个（只能一个）MDI 窗体和一个（或若干个）子窗体。在不同窗体中共用的过程、变量应存放在标准模块中。

9.1.1　与多重窗体的程序设计有关的语句和方法

在多重窗体程序设计中，程序中经常需要根据实际情况控制打开、关闭、隐藏或显示指定的窗体。根据需要，显示出所需要的窗体，当窗体不再需要时把某个窗体隐藏或关闭等，可以通过 Load 和 UnLoad 事件和 Show 和 Hide 方法来实现。

在多重窗体的程序中，经常在程序中用到关键字 Me，它代表的是当前程序代码所在的那个窗体。例如，假定在程序中建立了一个名称为 Form1 的窗体，则可通过下面的代码使该窗体隐藏：

```
Form1.Hide
```

它与程序代码 Me.Hide 是等价的，但特别要注意，语句"Me.Hide"必须写在 Form1 窗体的事件过程中。总之，Me.Hide 语句写在哪个窗体中，Me 代表的就是哪个窗体。

9.1.2 多重窗体程序的建立

1．创建和设计 MDI 窗体

创建 MDI 窗体可通过在菜单栏上选择"工程"→"添加 MDI 窗体"命令，弹出"添加 MDI 窗体"对话框，在"新建"选项卡中选择"MDI 窗体"，单击"打开"按钮，则在应用程序中添加了一个 MDI 窗体；或把鼠标指向"Microsoft Visual Basic"窗口右侧"工程"窗口中的工程名，右击弹出快捷菜单，从中选择"添加"选项→"添加 MDI 窗体"命令。

MDI 窗体是子窗体的容器，在该窗体上可以有菜单栏、工具栏、状态栏，但不可以有文本框。

2．创建和设计子窗体

MDI 子窗体实际上是 MDIchild 属性设置为 True 的普通窗体。

添加 MDI 子窗体的方法：单击"工程"→"添加窗体"命令，添加普通窗体，并将该窗体的 MDIChild 属性设置为 True 即可。

窗体的 MDIChild 属性默认为 False，即作为普通窗体。窗体的 MDIChild 属性只能通过属性窗口来设置，不能在程序代码中设置。

子窗体的设计与 MDI 窗体无关，但运行时总是包含在 MDI 窗体中。

下面通过一个例子来介绍如何进行多窗体应用程序设计。

例如：建立一个简单的文本编辑器。要求在程序运行时，可以利用"文件"菜单中的"新建"命令，创建多个子窗体或文档窗口，如图 9-1 所示。

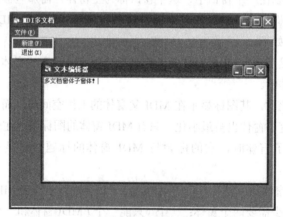

图 9-1　多窗体应用程序

分析：为创建以文档为中心的应用程序，至少需要两个窗体：一个 MDI 窗体和一个子窗体。设计时，创建一个 MDI 窗体容纳该应用程序，再创建一个子窗体作为这个应用程序文档的模板。

建立简单的文本编辑器的步骤如下：

① 单击"工程"→"添加 MDI 窗体"命令，创建 MDI 窗体，则工程中包含一个 MDI 窗体

（MDIForm1）和一个标准窗体（Form1），如图 9-1 所示。

② 将 Form1 的 MDIChild 属性设置为 True，并在 Form1 上创建一个文本框（Text1），各控件的属性设置如表 9-1 所示。

表 9-1　窗体和文本框控件属性设置

控　件	属　性	设　置
MDI 窗体	Name	MDIForm1
	Caption	MDI 多文档
窗体	Name	Form1
	Caption	文本编辑器
	MDIChild	True
文本框	Name	Text1
	MultiLine	True
	Text	空值

③ 用菜单编辑器为 MDIForm1 创建一个"文件"菜单，包含两个子菜单项"新建"和"退出"，"文件"菜单的属性如表 9-2 所示。

表 9-2　"文件"菜单的属性

对　象	标　题	名　称
主菜单项	文件（&F）	wen
子主菜单项	新建（&N）	xinjian
子主菜单项	退出（&X）	exit

④ 在 MDI 窗体上建立以下事件过程：

```
Private Sub xinjian Click()
  Dim nn As New Form1        '定义nn为窗体对象变量
  nn. Show                    '显示该窗体
End Sub
```

需要处理的是当用户拖动鼠标扩大或缩小子窗体时，应保证子窗体中的文本框随之改变其大小，这项工作通过子窗体的 Resize 事件过程完成。在 Form1 子窗体上建立以下事件过程：

```
Private sub form_Resize()
  Text1. Height=ScaleHeight
  Text1. Width=ScaleWidth
End Sub
```

⑤ 保存 MDI 应用程序，与普通的工程文件类似，每个窗体（本题有两个窗体：MDI 窗体和它的子窗体）应分别保存为不同的文件，所有窗体文件保存为一个工程文件。

运行程序时，可以在文本区输入文字。每个新窗体对象都与原有窗体具有相同的属性、事件和方法，即继承了 Form1 对象的属性、事件和方法。每个文本编辑区中都可以单独进行编辑操作，各窗口之间相互独立。

9.1.3　多重窗体程序的执行与保存

上例中的程序包括多个窗体，程序运行后，首先显示的是主窗体，即从该窗体开始执行程序。

当应用程序包含多个窗体时，Visual Basic 怎么知道是从哪个窗体开始执行呢？

1. 指定启动窗体

在单一窗体程序中，程序的执行没有其他选择，即只能从这个窗体开始执行。多重窗体程序由多个窗体组成，究竟从哪个窗体开始执行呢？Visual Basic 规定，对于多窗体程序，必须指定其中一个窗体为启动窗体；如果未指定，就把设计时的第一个窗体作为启动窗体。在上面的例子中，没有指定窗体，但由于首先设计的是主窗体，因此自动把该窗体作为启动窗体。

只有启动窗体才能在运行程序时自动显示出来，其他窗体必须通过 Show 方法才能看到。

启动窗体通过"工程"菜单中的"工程属性"命令来指定。执行该命令后，将弹出"工程属性"对话框，单击该对话框中的"通用"选项卡，将显示如图 9-2 所示的对话框。

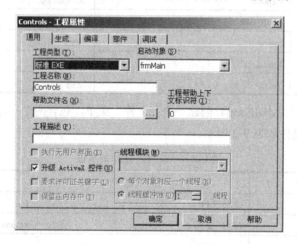

图 9-2 "工程属性"对话框

单击"启动对象"下拉列表框右端的箭头，将显示当前工程中所有窗体的列表，此时条形光标位于当前启动窗体上。如果需要改变，则单击需要作为启动窗体的名字，然后单击"确定"按钮，即可把所选择的窗体设置为启动窗体。

2. 多窗体程序的存取

（1）保存多窗体程序

单窗体程序的保存比较简单，通过"文件"→"保存工程"或"工程另存为"命令，可以把窗体文件以.frm 为扩展名存盘，工程文件以.vbp 为扩展名存盘。多窗体程序的保存要复杂一些，因为每个窗体要作为一个文件保存，所有窗体作为一个工程文件保存。

为了保存多窗体程序，通常需要以下两步：

① 在工程资源管理器中选择要保存的窗体，例如"frmMain"，然后选择"文件"→"frmMain.frm 另存为"命令，弹出"文件另存为"对话框。用该对话框把窗体保存到磁盘文件中。在工程管理器窗口中列出的每个窗体或标准模块，都必须分别存入磁盘。窗体文件的扩展名为.frm，标准模块文件的扩展名为.bas。在上面的例子中，需要保存 5 个.frm 文件。每个窗体通常用该窗体的 Name 属性值作为文件名存盘。当然，也可以用其他文件名存盘。

② 选择"文件"→"工程另存为"命令，弹出"工程另存为"对话框，把整个工程以.vbp 为扩展名存入磁盘。

在执行上面两个命令时，都要显示一个对话框，在对话框中输入要存盘的文件名及其路径。如果不指定文件名和路径，文件将以默认文件名存入当前目录。

窗体文件或工程文件存盘后，如果经过修改再存盘，可以选择"文件"→"保存工程"命令。执行该命令后，不再显示对话框，窗体文件和工程文件直接以原来命名的文件名存盘。

（2）装入多窗体程序

保存文件可以通过上面两步实现，而打开（装入）文件的操作比较简单。即选择"文件"→"打开工程"命令，弹出"打开工程"对话框（"现存"选项卡），在对话框中输入或选择工程文件名，单击"打开"按钮，即可把属于该工程的所有文件（包括.frm 和.bas 文件）装入内存。在这种情况下，如果对工程中的程序或窗体进行修改后需要存盘，则只要选择"文件"→"保存工程"命令即可。

如果选择"打开工程"对话框中的"最新"选项卡，则将列出最近编写的工程文件，此时可以选择要打开的工程文件，然后单击"打开"按钮。

在执行"打开工程"命令时，如果内存中有修改后但尚未保存的文件（窗体文件、模块文件或工程文件），则显示一个对话框，提示保存。

Visual Basic 可以记录最近存取过的工程文件，这些文件名位于"文件"菜单的底部（"退出"命令之上）。打开"文件"菜单后，只要单击所需的文件名，即可打开相应的文件。

3. 多窗体程序的编译

多窗体程序可以编译成可执行文件（.exe），而可执行文件总是针对工程建立的。因此，多窗体程序的编译操作与单窗体程序是一样的。也就是说，不管一个工程包括多少个窗体，都可以通过"文件"→"生成 XX.exe"命令生成可执行文件，这里的"XX"是工程的名字。生成可执行程序后，该程序就可以在 Windows 下直接执行。

9.2　Visual Basic 工程结构

在传统的程序设计中，编程者对程序的"执行顺序"是比较明确的。但是，在 Visual Basic 中，程序的执行顺序不太容易确定，也就是说，很难勾画出程序的执行"轨迹"。不过，从大的方面来说，还是"有序可循"的。

模块是相对独立的程序单元。在 Visual Basic 中主要有 3 种模块，即窗体模块、标准模块和类模块。类模块主要用来定义类和建立 ActiveX 组件，本书不涉及与类模块有关的内容。下面主要介绍标准模块和窗体模块。

9.2.1　标准模块

标准模块也称全局模块，由全局变量声明、模块层声明及通用过程几部分组成。其中全局变量声明放在标准模块的首部，因为每个模块都可能要求有它自己的具有唯一名字的全局变量。全局变量声明总是在启动时执行。

模块层声明包括在标准模块中使用的变量和常量。

当需要声明的全局变量或常量较多时，可以把全局变量声明放在一个单独的标准模块中，这样的标准模块只含有全局变量声明而不含任何过程，因此 Visual Basic 解释程序不对它进行任何指令解释。这样的标准模块在所有基本指令开始之前处理。

在标准模块中，全局变量用 Public 声明，模块层变量用 Dim 或 Private 声明。

在大型应用程序中，主要操作在标准模块中执行，窗体模块用来实现用户之间的通信。但在只使用一个窗体的应用程序中，全部操作通常用窗体模块就能实现。在这种情况下，标准模块不是必须的。

标准模块通过"工程"菜单中的"添加模块"命令来建立或打开。执行该命令后，显示"添加模块"对话框。利用这个对话框，可以建立新模块（选择"新建"选项卡），也可以把已有模块添加到当前工程中（选择"现存"选项卡，打开文件对话框）。单击"打开"按钮，即可打开标准模块代码窗口，可在该窗口内键入或修改代码。在编辑完代码之后，可以用"文件"菜单中的"保存文件"命令存盘。标准模块作为独立的文件存盘，其扩展名为.bas。

一个工程可以有多个标准模块，也可以把原有的标准模块加入到工程中。当一个工程中含有多个标准模块时，各模块中的过程名不能相同。

Visual Basic 通常从启动窗体指令开始执行。在执行启动窗体的指令前，不会执行标准模块中的 Sub 或 Function 过程，只能在窗体指令（窗体或控件事件过程）中调用。

在标准模块中，还可以包含一个特殊的过程——Sub Main 过程。

9.2.2 窗体模块

窗体模块包括 3 部分内容，即声明部分、通用过程部分和事件过程部分。在声明部分中，用 Dim 语句声明窗体模块所需要的变量，其作用域为整个窗体模块，包括该模块内的每个过程。注意，在窗体模块代码中，声明部分一般放在最前面，而通用过程和事件过程的位置没有严格限制。

在声明部分执行之后，Visual Basic 在事件过程部分查找启动窗体中的 Sub Form_Load 过程，它是在把窗体装入内存时所发生的事件。如果存在这个过程，则自动执行。在执行完 Form_Load 过程后，如果窗体模块中还有其他事件过程，则暂停程序的执行，并等待激活事件过程。

Form_Load 过程可以含有语句，也可以不含有任何语句。当该过程为空时，Visual Basic 将显示相应的窗体。如果在该过程中含有可由 Visual Basic 触发的事件，则触发事件过程的执行。在执行 Form_Load 过程之后，将暂停指令执行，然后等待用户触发下一个事件。从表面上看，此时程序似乎什么都没做，但应用程序仍处于运行状态。在 Visual Basic 中，可以运行一个不含有任何源代码的应用程序。程序运行后，在屏幕上显示一个空窗体，这样的程序称为零指令程序。

窗体模块中的通用过程可以被本模块或其他窗体模块中的事件过程调用。

一个 Visual Basic 应用程序由多种文件组成，这些文件通过不同的扩展名来区分，包括.bas 文件（标准模块）、.frm 文件（窗体模块）、.cls 文件（类模块）、.vbp 文件（工程）、.vbg 文件（工程组）等。在存盘时，这些文件分开保存，而在装入时，则只要装入.vbp 文件（单工程）或.vbg 文件（多工程）即可，与该工程或工程组有关的所有.bas 文件、.cls 文件和.frm 文件等都在工程资源管理器窗口中显示出来。

在窗体模块中，可以调用标准模块中的过程，也可以调用其他窗体模块中的过程，被调用的过程必须用 Public 定义为公用过程。标准模块中的过程可以直接调用（当过程名唯一时），而如果要调用其他窗体模块中的过程，则必须加上过程所在的窗体的名字，其格式为：

窗体名.过程名(参数表列)

9.2.3　Sub Main 过程

在一个含有多个窗体或多个工程的应用程序中，有时候需要在显示多个窗体之前对一些条件进行初始化，这就需要在启动程序时执行一个特定的过程。在 Visual Basic 中，这样的过程称为启动过程，并命名为 Sub Main。

在一般情况下，整个应用程序从设计时的第一个窗体开始执行，需要首先执行的程序代码放在 Form_Load 事件过程中。如果需要从其他窗体开始执行应用程序，则可以通过"工程"菜单中的"工程"属性命令（"通用"选项卡）指定启动窗体。但是，如果有 Sub Main 过程，则除了可以用窗体启动程序外，还可以用 Sub Main 过程启动程序（即首先执行 Sub Main）。

Sub Main 过程在标准模块窗口中建立。其方法是，选择"工程"→"添加模块"命令，打开标准模块窗口，在该窗口中键入：

```
Sub Main
```

然后按【Enter】键，将显示该过程的开头和结束语句，然后即可在两个语句之间输入程序代码。

Sub Main 过程位于标准模块中。一个工程可以有多个标准模块，但 Sub Main 过程只能有一个。Sub Main 过程通常是作为启动过程编写的，也就是说，用户编写 Sub Main 过程，总是希望把它作为第一个过程首先执行。但是，Visual Basic 并不自动把 Sub Main 过程作为启动过程，用户必须通过与设定启动窗体类似的方法才能将它设为启动过程。步骤如下：

① 选择"工程"→"工程属性"命令，弹出"工程属性"对话框，在"通用"选项卡中单击"启动对象"下拉列表框右端的箭头，将显示窗体模块的窗体名列表，Sub Main 过程也出现在列表中。

② 选择 Sub Main 过程。

③ 单击"确定"按钮，即可把 Sub Main 过程指定为启动过程。

如果把 Sub Main 过程指定为启动过程，则可以在程序运行时自动执行。由于 Sub Main 过程可先于窗体模块执行，因此常用来设定初始化条件。例如，在本章示例中，添加：

```
Sub Main()
    ……            '初始化
    frmMain.show
End Sub
```

将 Sub Main 过程设为启动过程，Sub Main 过程执行初始化部分后，执行 frmMain 窗体的 Show 方法，将显示 frmMain 窗体。

注意：一个工程组可以包含多个工程，一个工程可以包含多个窗体模块、标准模块以及类模块，所有模块共属于同一个工程，但每个模块又相对独立，用一个单独的文件保存。

9.3　闲置循环与 DoEvents 语句

Visual Basic 是事件驱动型的语言。一般情况下，只有当发生事件时才执行相应的程序。也就是说，如果没有事件发生，则应用程序处于闲置状态。另一方面，当 Visual Basic 执行一个过程时，将停止对其他事件（如鼠标事件）的处理，直至执行完 End Sub 或 End Function 指令为止。也就是说，如果 Visual Basic 处于"忙碌"状态，则事件过程只能在队列中等待，直到当前过程结束。

为了改变这种执行顺序，Visual Basic 提供了闲置循环（Idle Loop）和 DoEvents 语句。

所谓闲置循环，就是当应用程序处于闲置状态时，用一个循环来执行其他操作。简言之，闲置循环就是在闲置状态下执行的循环。但是，当执行闲置循环时，将占用 CPU 的全部时间，不允许执行其他事件过程，使系统处于无限循环中，没有任何反应。为此，Visual Basic 提供了一个 DoEvents 语句。可将其放在循环的循环体中，这样当执行闲置循环过程的同时有其他事件发生时，即使该循环没有完成，也可以暂停该循环的执行，将程序的控制权交给当前发生的事件，等该事件处理完毕后，程序的控制权又返回到原来程序继续执行循环。

DoEvents 既可作为语句，也可以作为函数使用，一般格式如下：

DoEvents[()]

当作为函数使用时，DoEvents 返回一个整数，表示打开的窗体数目。如果不想使用这个返回值，则可以随便使用一个变量来接受返回值。例如：

Dummy=DoEvents()

当作为语句使用时，省略括号。

例如：在窗体上画一个命令按钮，然后编写如下的事件过程：

```
Private Sub Command1_Click()
  For i& = 1 To 2000000            '如果循环时间短，可增大外层循环终值
    DoEvents
    For j = 1 To 1000              '如果循环时间短，可增大内层循环终值
    Next j
    Cls
    Print i&
  Next i&
End Sub
Private Sub Form_Click()
    Static x As Integer
    x = x + 1
    MsgBox x
End Sub
```

运行上面的程序，单击命令按钮 Command1，则会执行 Command1_Click 事件过程，程序可在窗体左上角显示循环控制变量 i 的值，由于在外层循环的循环体中加入了延时循环，所以程序的运行需要较长时间。由于在循环体中加入了 DoEvents 语句，所以在执行循环的过程中进行其他操作，如：此时在窗体上单击，就发生了窗体单击事件，那么 Command1_Click 过程中的循环将暂时中止，程序的控制权将交给窗体的单击事件过程，这时执行 Form_Click 过程，最后，以消息框的形式显示变量 x 的值，单击消息框中的"确定"按钮，此时 Form_Click 过程才全部执行完毕，这时程序的控制权又返回给原来的过程，从刚才中止时的断点继续执行循环，这就是 DoEvents 语句的作用。如果将程序中的 DoEvents 语句去掉，在执行循环的过程中将不能进行任何操作，只有当循环全部结束后，才响应循环期间发生的其他事件。

习　题　9

一、选择题

1. 建立一个新的标准模块，应该选择哪个菜单下的"添加模块"命令（　　　）？

  A. "工程" 菜单　　　B. "文件" 菜单　　　　C. "工具" 菜单　　　　D. "编辑" 菜单

2. 以下关于窗体描述正确的是（　　）。

  A. 只有用于启动的窗体可以有菜单

  B. 窗体事件和其中所有控件事件的代码都放在窗体文件中

  C. 窗体的名字和存盘的窗体文件名必须相同

  D. 开始运行时窗体的位置只能是设计阶段时显示的位置

3. 以下关于多重窗体程序的叙述中，错误的是（　　）。

  A. 用 Hide 方法不但可以隐藏窗体，而且能清除内存中的窗体

  B. 在多重窗体程序中，各窗体的菜单是彼此独立的

  C. 在多重窗体程序中，可以根据需要指定启动窗体

  D. 在多重窗体程序中，需要单独保存每个窗体

4. 如果一个工程含有多个窗体及标准模块，则以下叙述中错误的是（　　）。

  A. 如果工程中含有 Sub Main 过程，则程序一定首先执行该过程

  B. 不能把标准模块设置为启动模块

  C. 用 Hide 方法只是隐藏一个窗体，不能从内存中清除该窗体

  D. 任何时刻最多只有一个窗体是活动窗体

5. 下面关于多重窗体的叙述中，正确的是（　　）。

  A. 作为启动对象的 Main 子过程只能放在窗体模块内

  B. 如果启动对象是 Main 子过程，则程序启动时不加载任何窗体，以后由该过程根据不同情况决定是否加载窗体或加载哪一个窗体

  C. 没有启动窗体，程序不能执行

  D. 以上都不对

二、填空题

1. 在 Visual Basic 中，除了可以指定某个窗体作为启动对象外，还可以指定＿＿＿＿＿＿为启动对象。

2. 为了显示一个窗体，所使用的方法为＿＿＿＿＿＿；为了隐藏一个窗体，所使用的方法为＿＿＿＿＿＿。

3. 假定建立了一个工程，该工程包括两个窗体，其名称（Name 属性）分别为 Form1 和 Form2，启动窗体为 Form1。在 Form1 上画一个命令按钮 Command1，程序运行后，要求当单击该命令按钮时，Form1 窗体消失，显示窗体 Form2，请将下面的程序补充完整。

```
Private Sub Command1 Click()
    _____ Form1
    Form2._____
End Sub
```

第 10 章　数据库访问技术

10.1　数据库的基础知识

10.1.1　数据与数据处理

1．数据

数据（Data）是信息的载体，它是信息的具体表现形式。数据不仅仅指数字、字母、文字等文本形式的数据，还包括图形、图像、影像、动画、声音等多媒体数据。

2．数据处理

数据处理（也称为信息处理）实际上就是利用计算机对各种形式的数据进行处理。它包括：数据采集、整理、编码和输入，有效地把数据组织到计算机中，由计算机对数据进行一系列存储、加工/计算、分类、检索、传输、输出等操作过程。其目的是从大量的原始数据中抽取和推导出对人们有价值的信息，以作为行动和决策的依据。

10.1.2　数据库、数据库管理系统和数据库系统

1．数据库的概念

数据库（Database）就是数据的集合，它把数据按照特殊的目的和一定的方法存储起来，以便于访问管理和更新。

2．数据库管理系统（DBMS）

数据库的创建、管理、使用和维护等都需要由一种叫作数据库管理系统（Database Management System，DBMS）的软件来完成。它是位于用户与操作系统之间的系统软件。

3．数据库系统

数据库系统是指在计算机系统中引入数据库后的系统，一般由数据库、数据库管理系统（及其开发工具）、应用系统、数据库管理员和用户构成。数据库的建立、使用、维护等工作只靠一个数据库管理系统远远不够，还要有专门的人员来完成，这些人被称为数据库管理员（DataBase Administrator，DBA）。

10.1.3　数据库系统管理方式的特点

1．数据结构化

数据结构化是数据库与文件系统的根本区别。在文件系统中，相互独立的文件记录内部是有结构的。传统文件的最简单形式是等长同格式的记录集合。在文件系统中，尽管记录内部已有了某些结构，但记录之间没有联系。数据库系统实现整体数据的结构化，是数据库的主要特征之一，也是数据库系统与文件系统的本质区别。在数据库系统中，数据不再针对某一应用，而是面向全

组织，具有整体的结构化。不仅数据是结构化的，而且存取数据的方式也很灵活，可以存取数据库中的某一个数据项、一组数据项、一个记录或一组记录。而在文件系统中，数据的最小存取单位是记录。

2．数据的共享性高、冗余度低、易扩充

数据库系统从整体角度描述数据，数据不再面向某个应用而是面向整个系统，因此数据可以被多个用户、多个应用共享使用。数据共享可以大大减少数据冗余，节约存储空间。数据共享还能够避免数据之间的不相容性与不一致性。所谓数据的不一致性，是指同一数据不同拷贝的值不一样。采用人工管理或文件系统管理时，由于数据被重复存储，当不同的应用使用和修改不同的拷贝时就很容易造成数据的不一致。在数据库中数据共享，减少了由于数据冗余造成的不一致现象。由于数据面向整个系统，是有结构的数据，不仅可以被多个应用共享使用，而且容易增加新的应用，这就使得数据库系统弹性大，易于扩充，可以适应各种用户的需求。可以取整体数据的各种子集于不同的应用系统，当应用需求改变或增加时，只要重新选取不同的子集或加上一部分数据便可以满足新的需求。

3．数据的独立性高

数据的独立性是数据库领域中的一个常用术语，包括数据的物理独立性和数据的逻辑独立性。物理独立性是指用户的应用程序与存储在磁盘上的数据库中的数据是相互独立的。也就是说，数据在磁盘上数据库中的存储是由 DBMS 管理的，用户程序不需要了解，应用程序要处理的只是数据的逻辑结构，这样当数据的物理存储改变了，而应用程序却不用改变。逻辑独立性是指用户的应用程序与数据库的逻辑结构是相互独立的，也就是说数据的逻辑结构改变了，用户程序也可以不变。数据与程序的独立，把数据的定义从程序中分离出去，加上数据的存取又由 DBMS 负责，从而简化了应用程序的编制，大大减少了应用程序的维护和修改。

4．数据由 DBMS 统一管理和控制

数据库的共享是并发的共享，即多个用户可以同时存取数据库中的数据，甚至可以同时存取数据库中的同一数据。为此，DBMS 还必须提供以下几方面的数据控制功能：

① 数据的安全性(Security)保护。数据的安全性是指保护数据以防止不合法的使用造成数据的泄密和破坏。使每个用户只能按规定，对某些数据以某些方式进行使用和处理。

② 数据的完整性(Integrity)检查。数据的完整性指数据的正确性、有效性和相容性。完整性检查将数据控制在有效的范围内，或保证数据之间满足一定的关系。

5．关系型数据库

按数据组织形式可以将数据库分为层次型、网状型和关系型结构。其中最常用的是关型数据库。关系型数据库由表、记录、字段组成。表的数据组织形式类似于一张二维关系表，每行称为一条记录，每列称为一个字段。一个数据库由若干张表来组成，表与表之间通过关系来连接。

10.2　Access 数据库

Access 数据库管理系统是 Microsoft Office 的一个组件，是最常用的本地数据库之一。在 VB

中可以方便地使用 Data 控件和 ADO 控件操作 Access 数据库。

10.2.1　创建 Access 数据库和表

1. 创建 Access 数据库

创建 Access 数据库的步骤为：

① 选择"开始"→"程序"→"Microsoft Office"→Microsoft Access 命令，启动 Access 2003，打开如图 10-1 所示的对话框。

图 10-1　创建数据库

② 选中"空数据库"后，在弹出的对话框中，选择路径及数据库文件名，单击"创建"按钮。

③ 系统将进入所创建的数据库，至此一个空 Access 数据库创建完毕，并以指定的文件(*.mdb)保存在指定的文件夹中。用户可以在此创建需要的表，也可以退出 Access 待以需要时将其打开完成后续工作。

2. 创建 Access 数据表

新建或打开数据库后，用户可以选择使用设计器、使用向导或通过输入数据的方法创建表。这里只介绍使用设计器创建表的方法。

① 双击"使用设计器创建表"选项打开如图 10-2 所示的创建表结构对话框。

② 依次输入各字段的名称和数据类型，在"字段属性"栏中输入字段的大小、格式等属性值。

一般在每个表中均应指定一个字段为该表的主键（如图中的"学号"字段），主键应唯一地代表一条记录，即所有记录中该字段没有重复的值。有了主键可以方便地与数据库中其他表进行关联，并利用主键值相等的规则结合多个表中的数据创建查询。

③ 输入完毕后关闭设计表结构对话框，系统会提示为新建的表命名（本例命名为"基本情况"）。命名后，新建的表将出现在数据库窗口中。

图 10-2　使用设计器创建表结构

④ 如果需要修改表结构，可以在数据库窗口中选择表名称后，单击工具栏中"设计"按钮，重新进入创建表结构窗口进行必要的修改。

⑤ 双击表名称打开如图 10-3 所示的表数据输入窗口，依次将各种数据输入到数据表中，需要注意的是表中主键字段的值不允许空缺。

⑥ 输入完毕后关闭输入窗口，将数据保存在数据库文件中。

学号	姓名	性别	年龄	家庭住址	联系电话	政治面貌
0001	马丽	女	18	长春	0431-82987822	团员
0002	李进	男	19	四平	0434-3228920	团员
0003	王志刚	男	20	吉林	0432-62439087	党员
0004	张敏	女	19	松原		
0005	陈晨	男	18	北京	010-81928374	团员
			0			

记录：5　共有记录数：5

图 10-3　输入表中各字段的数据

10.2.2　创建查询

如果在数据库中存在有多张数据表，并且各表中存在有相同的字段信息。此时为了避免数据冗余，通常利用数据表中的关系来减少表中的字段，如图 10-4 所示的"学生成绩"表中就省略了"姓名""性别""年龄"等字段。当需要使用综合信息时可以通过创建查询实现对多表信息的组合。

学号	计算机	数字电路	高等数学
0001	87	78	64
0002	88	81	92
0003	78	78	64
0004	64	82	88
0005	70	81	98
	0	0	0

记录：5　共有记录数：5

图 10-4　学生成绩表

创建查询的步骤如下：

① 单击数据库窗口中的"查询"按钮，双击"在设计视图中创建查询"选项，打开查询设计器。

② 在"显示表"对话框中（见图 10-5），选择需要的表后单击"添加"按钮将其添加到查询中（本例将"学生成绩表"和"基本情况"添加到查询中）。

图 10-5　查询设计器窗口

由于在前面将"学号"字段定义成了主键，此时将自动建立一个"一对一"的关系（用一条连线表示）。将各表中需要的字段依次拖动到查询字段列表区中，构成查询的字段框架，如图 10-6 所示。

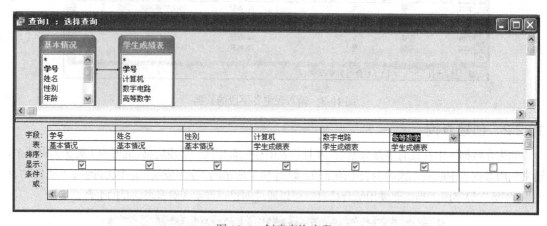

图 10-6　创建查询字段

如果需要向查询中添加一些计算字段，如总分、平均分等，可以使用字段生成器，方法为：

① 在需要的位置上（如本例的"高等数学"之后）右击，在弹出的快捷菜单中选择"生成器"命令，打开如图 10-7 所示的"表达式生成器"窗口。

② 输入表达式字段名后，用"："分隔后面的表达式内容。选择"成绩表"后，在字段列表区中双击将需要的字段添加到表达式中，单击工具栏中对应的符号按钮，生成表达式的计算式。

③ 输入完毕后，单击"确定"按钮。

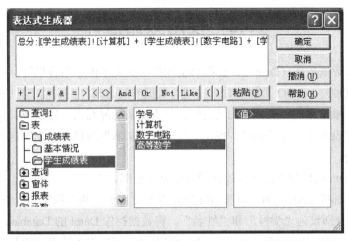

图 10-7　表达式生成器窗口

④　如果希望在"平均分"字段中设置保留小数点的位数，可以在平均分字段中右击，在弹出的快捷菜单中选择"属性"命令，在格式栏中输入"0.0"表示保留一位小数，如图 10-8 所示。

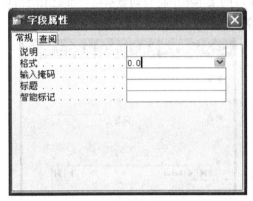

图 10-8　设置表达式的格式

⑤　设计完成关闭设计器窗口时，系统会提示输入新建查询的名称，并将其显示到数据库窗口中，双击查询名称可以看到查询中包含的数据，如图 10-9 所示。

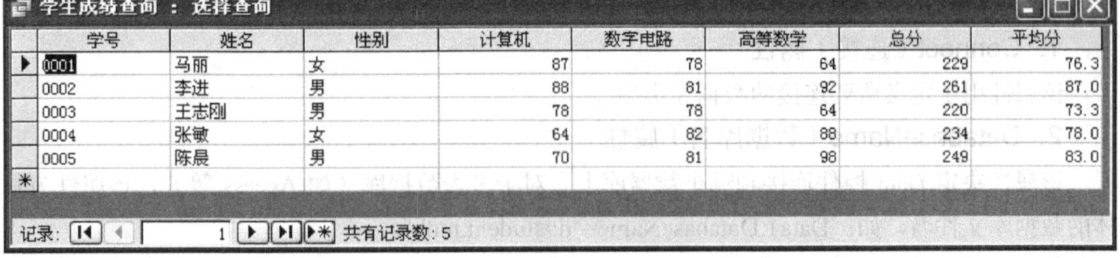

	学号	姓名	性别	计算机	数字电路	高等数学	总分	平均分
▶	0001	马丽	女	87	78	64	229	76.3
	0002	李进	男	88	81	92	261	87.0
	0003	王志刚	男	78	78	64	220	73.3
	0004	张敏	女	64	82	88	234	78.0
	0005	陈晨	男	70	81	98	249	83.0
*								

记录: ◄◄ ◄ 　1 ► ►► ►* 共有记录数: 5

图 10-9　新建查询的内容

需要说明的是，查询并没有新建任何数据的副本，只是将不同数据表的字段进行了重新组合，这些数据依然存放在原数据表中。

10.3　使用数据控件

VB 通过使用数据控件（Data）、数据绑定控件（如文本框、组合框等标准控件）、数据访问对象、远程数据控件、ADO 数据控件来实现对数据库的访问。在这些工具中 Data 控件和数据绑定控件是初学者最常用的工具，它们具有快捷、方便及功能强大等特点。甚至不需要编写任何程序代码，而通过设置几个关键属性，使用一些类似于文本框这样的数据绑定控件就可以实现对数据库的一般访问。

【例 10.1】Data 控件和数据绑定控件的使用方法示例。

新建一个 VB 标准 EXE 工程，在窗体上添加两个文本框，两个标签和一个 Data 控件，将标签的 Caption 属性分别设为"学号"和"姓名"。将数据控件 Data1 的 DatabaseName 属性设为具体的数据库文件名，如"E:\student.mdb"，RecordSource 属性设为数据库中具体的表或查询，如"基本情况"表。将 Text1 和 Text2 的 DataSource 属性设为 Data1（与数据控件 Data1 绑定），DataField 属性分别设为"学号"和"姓名"（绑定到具体的字段）。

程序启动后，绑定到字段的文本框中将自动显示第一条记录的信息，单击 Data 控件的相应按钮即可在文本框中浏览数据库的内容，如图 10-10 所示。

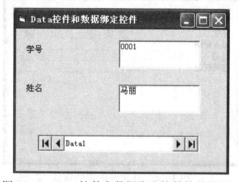

图 10-10　Data 控件和数据绑定控件的使用示例

10.3.1　数据控件的属性

数据控件是 VB 的标准控件之一，可以直接从工具箱中加入窗体。Data 控件的属性中，3 个基本属性（Connect、DatabaseName 和 RecordSource）决定了所要访问的数据资源。

1. Connect（连接）属性

该属性用于定义所要连接的数据库类型。

2. DatabaseName（数据库名）属性

该属性决定 Data 控件连接到哪个数据库上。对于多表数据库（如 Access 等），该属性为具体的数据库文件名，如：Data1.DatabaseName="d:\student.mdb"。

如果在设计或运行时，改变了 Data 控件的 DatabaseName 属性，应使用 Refresh（刷新）方法重新打开新数据库。

3. RecordSource（记录源）属性

该属性主要用来设置 Data 控件打开的数据库表名或查询名。可以是一个表名、一个数据库中已存在的查询或一条 SQL 语句。如果在运行时通过代码改变了该属性值(连接到其他数据源)，则必须使用 Refresh 方法使其改变生效，并需要重建记录集(Recordset)。

10.3.2　数据控件的事件

Data 控件与其他 VB 控件一样支持许多事件，但除此之外 Data 控件还支持 Error、Reposition、Validate 等与数据库访问有关的事件。

1．Error 事件

该事件主要用来处理不能被任何应用程序捕获的错误。事件的语法格式为：

```
Private Sub Datal_Error(DataErr As Integer,Response As Integer)
… (错误处理代码)
End Sub
```

其中 DataErr 返回一个错误号。Response 的值默认为 1，表示显示错误信息，该值为 0 表示程序继续执行。

2．Reposition 事件

当用户单击 Data 控件上某个箭头按钮，或者在代码中使用了某个 Move 或 Find 方法使某条新记录成为当前记录时，将激发 Reposition 事件。

3．Validate 事件

在一条不同的记录成为当前记录之前，或 Update 方法之前（用 UpdateRecord 方法保存数据时除外）及 Delete、Unload 或 Close 操作前，会发生该事件。其语法格式如下：

```
Private Sab object_Validate(Action As Integer,Save As Integer)
… (事件处理代码)
End sub
```

其中 Action 是一个整数，用来指示引发这种事件的操作。Save 是一个逻辑表达式，用来表示被连接的数据是否改变。

10.3.3　数据控件的方法

数据控件和其他控件一样也有自己的一些方法，常用的有 Refersh、UpdataRecord、UpdateControls 和 Colse 方法。

1．Refresh 方法

该方法主要用来建立或重新显示与 Data 控件相连接的数据库记录集。若在程序运行时修改了数据控件的 DatabaseName、ReadOnly、Exclusive 或 Connect 属性，就必须使用该方法来刷新记录集。该方法执行后，记录指针将指向记录集中的第一条记录。

2．UpdateRecord 方法

通过该方法可以将数据绑定控件上的当前内容写入到数据库中，即可以在修改数据后调用该方法来确认修改。

3．UpdateControls 方法

通过该方法可以将数据从数据库中重新读入到数据绑定控件中，即可以使用该方法放弃对数据绑定控件中数据的修改。

4．Close 方法

该方法主要用于关闭数据库或记录集，并且将该对象设置为空。

注意：在关闭数据库或记录集之前，必须使用 Update 方法更新数据库或记录集中的数据，以保证数据的正确性。

10.3.4 记录集对象（Recordset）

在 VB 中数据库表是不能直接被访问的，VB 6.0 通过 Microsoft Jet 3.51 数据库引擎提供的记录集（Recordset）对象来检索和显示数据库记录。一个 Recordset 对象表示一个或多个数据库表中对象集合的多个对象，或运行一次查询所得到的记录结果。一个 Recordset 对象相当于一个变量，与数据库表相似。记录集也是由行和列组成的，但不同的是记录集可以同时包含多个表中的数据。

VB 的 Jet 数据库引擎提供了大量的记录集属性和方法。

1. Recordset 对象的属性

Recordset 对象的常用属性有 BOF 和 EOF 属性、Absolute Position 属性、BookMark 属性和 RecordCount 属性。

① BOF 和 EOF 属性。这两个属性用来指示记录指针是否指向了第一条记录之前或最后一条记录之后。如果这两个属性同时为 True 表示该记录集中无任何记录。

② AbsolutePosition 属性。该属性用于返回当前记录的序号。但不能将其作为记录编号的代替物，因为当执行了删除、添加、查询等操作后，记录的位置可能会改变。

③ BookMark 属性。该属性返回或设置当前记录集指针的书签，BookMark 采用的是 String 类型。在程序中可以使用该属性重定位记录集的指针。下列语句使指针移到其他位置后迅速返回原位：

```
mybookmark=Datal. Recordset. BookMark          '设置书签保存当前记录指针位置
Datal. Recordset. MoveFirst                    '将记录指针移动到第一条记录
Datal. Recordset. BookMark=mybookmark          '使记录指针返回到原位置
```

④ RecordCount 属性。该属性是只读属性，用来获取记录集中的记录数。在多用户环境中，该属性返回的值可能是一个不准确的数，这与记录集对象被刷新的频率有关。为了获得准确的数据，在使用该属性前应先调用 MoveLast 方法。

2. Recordset 对象的方法

Recordset 对象的常用方法有 AddNew 方法、Edit 方法、Delete 方法、Move 方法和 Find 方法。

（1）AddNew 和 Edit 方法

AddNew 方法为数据库表添加一条记录。调用该方法将清除数据绑定控件中的所有内容，并且将一条空记录添加到记录集的末尾。

Edit 方法使当前记录集进入可以被修改的状态。

新添加或修改后的记录，只有在执行了 Update 方法或通过 Data 控件移动当前记录时，才会添加到数据库文件中。

（2）Delete 方法

该方法删除记录集中的当前记录。记录删除后，其内容仍显示在数据绑定控件中，应使用 Move 方法移动记录指针。删除记录时应先检查与该记录相关的关系后再删除，若数据库中存在某种必要的引用，则无法删除被引用记录。

（3）Move 方法

该方法用于记录指针的移动。常用于浏览数据库中的数据。包括以下 4 种方法：

① MoveFirst：使记录集中的第一条记录成为当前记录。

② MoveLast：使记录集中的最后一条记录成为当前记录。

③ MoveNext：下移一条记录，使下一条记录成为当前记录。

④ MovePrevious：上移一条记录，使上一条记录成为当前记录。

当一个记录集刚被打开时，第一条记录为当前记录。

（4）Find 方法

该方法用于在 Dynaset 和快照类型的记录集中，查找符合指定条件的记录。若找到符合条件的记录则将记录指针指向该记录，并将 Recordset 对象的 NoMatch 属性设为 True。否则将指针指向记录集的末尾，并将 Recordset 对象的 NoMatch 属性设为 False，，包括以下 4 种方法：

① FindFirst：查找符合条件的第一条记录。

② FindLast：查找符合条件的最后一条记录。

③ FindNext：查找符合条件的下一条记录。

④ FindPrevious：查找符合条件的上一条记录。

如语句：

```
Data1. Recordset. FindFirst "姓名 like '李'"    '查找姓名中包含"李"的第一条记录
```

【例 10.2】设计一个学生成绩管理程序，程序启动后显示数据库中记录总数、当前记录号及当前记录的各项数据，如图 10-11 所示。

图 10-11　例 10.2 程序主界面

分析：让用户可以通过"学号"或"姓名"下拉列表选择或输入后按【Enter】键的方法，查询指定学生的成绩，无此记录时显示提示信息，如图 10-12 所示。

图 10-12　未找到匹配记录错误

单击"添加"或"修改"按钮后，弹出输入口令对话框，如图 10-13 所示。回答正确后（本例为空字符串，可以直接按"确定"按钮），弹出一个空白的添加数据对话框。用户输入新记录的各项数据后，单击"更新"按钮使更新生效，并继续显示下一个添加记录空对话框，单击"取消"按钮放弃添加数据，退出该对话框返回到初始界面。

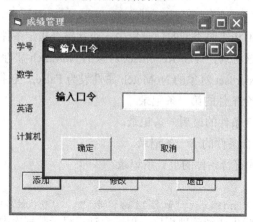

图 10-13　回答口令方可更改数据

单击"修改"按钮后"添加"和"修改"按钮变为"删除"和"更新"按钮，用户可以通过"学号"或"姓名"找到需要修改的记录。修改后单击"更新"按钮，将弹出修改确认对话框，确认后完成当前记录的修改。选择其他记录继续进行修改工作，直到单击"退出"按钮返回初始界面（注意在初始界面中单击"退出"按钮将退出程序）。

若单击"删除"按钮，将显示确认对话框，确认后当前记录将被删除。

设计步骤如下：

① 创建数据库。通过 Access 建立一个名为"student.mdb"的数据库，保存在 E 盘根目录下，在库中建立一个名为"成绩"的表，并向其中添加一些数据记录，表结构如表 10-1 所示。

表 10-1　成绩表结构

字　段	类　型	大　小	字　段	类　型	大　小
学号	Text	3	数学	Single	4（系统自动设置）
姓名	Text	8	英语	Single	4
班级	Text	16（主界面未使用）	计算机	Single	4
总分	Single	4	平均分	Single	4

② 设计程序界面。本程序分为 3 个窗体，如图 10-14、图 10-15 和图 10-16 所示。启动窗体为"成绩管理"。在主窗体中添加 5 个按钮，其中"删除"和"更新"按钮启动时不可见，并且与"添加""修改"按钮重叠放置。其他控件的情况按下图设置，这里不再赘述。

③ 设置对象属性。将"成绩管理"和"添加记录"窗体中的 Data 控件的 DatabaseName 属性设为数据库存放位置 E:\student.mdb，RecordSource 属性设为"成绩"表。

将"成绩管理"窗体上的两个 ComboBox 的 DataSource 属性设为 Data1（绑定到数据控件）。

文本框的 Text 属性设为空，注意无需绑定到数据表字段。

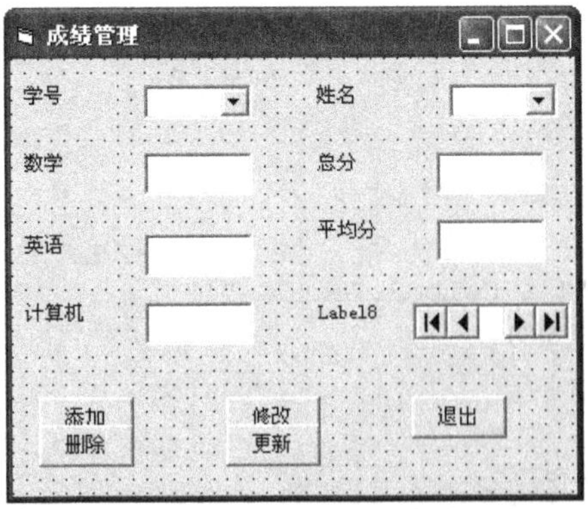

图 10-14　设计主程序界面　　　　　图 10-15　设计输入口令界面设置对象属性

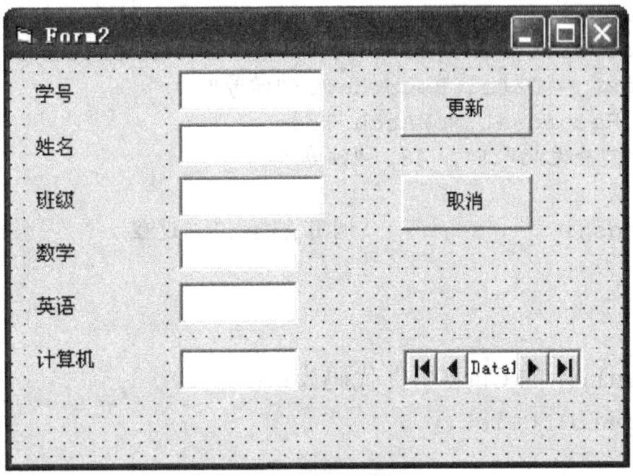

图 10-16　设计添加记录界面

④ 编写程序代码。"成绩管理"窗体模块的代码为：

```
Public panduan As Integer
Dim recount As Integer          '用来存放总记录条数
```

"学号"组合框 Combo1 的 Click 事件代码为：

```
Private Sub Combo1_Click()
    Data1.Recordset.MoveFirst          '将记录指针指向第一条记录
    Data1.Recordset.FindFirst "学号='" & Combo1.Text & "'"
    Combo2.Text = Data1.Recordset("姓名")
  Call xianshi
End Sub
```

在"学号"组合框中按【Enter】键时执行的程序代码为：

```
Private Sub Combo1_KeyUp(KeyCode As Integer, Shift As Integer)
  If KeyCode = 13 Then
  Data1.Recordset.MoveFirst
  Data1.Recordset.FindFirst "学号='" & Combo1.Text & "'"
  Combo2.Text = Data1.Recordset("姓名")
  If Data1.Recordset.NoMatch Then          '未找到匹配的记录，则显示提示信息
    MsgBox "查无此人!", 48, "注意"
   Else
   Call xianshi                          '调用 xianshi 过程
```

```
        End If
      End If
End Sub
```

"姓名"组合框 Combo2 的 Click 事件代码为：

```
Private Sub Combo2_Click()
    Data1.Recordset.MoveFirst
        Data1.Recordset.FindFirst "姓名='" & Combo2.Text & "'"
        Combo1.Text = Data1.Recordset("学号")
    Call xianshi
End Sub
```

在"姓名"组合框中按【Enter】键时执行的代码为：

```
Private Sub Combo2_KeyUp(KeyCode As Integer, Shift As Integer)
    If KeyCode = 13 Then
        Data1.Recordset.MoveFirst
        Data1.Recordset.FindFirst "姓名='" & Combo2.Text & "'"
        Combo1.Text = Data1.Recordset("学号")
        If Data1.Recordset.NoMatch Then
          MsgBox "查无此人!", 48, "注意"
        Else
        Call xianshi                      '调用 xianshi 过程
        End If
        End If
End Sub
```

"添加"按钮 Command1 的 Click 事件代码为：

```
Private Sub Command1_Click()
    panduan=1
    Form2. Show 1                        '显示输入口令对话框
End sub
```

"修改"按钮 Command2 的 Click 事件代码为：

```
Private Sub Command2_Click()
    Panduan=2
    form2. Show 1
End Sub
```

重新计算"总分"和"平均分"字段的值的定义过程为：

```
Sub gengxin()
    Data1.Recordset.MoveFirst
    Do While Data1.Recordset.EOF = False
    Data1.Recordset.Edit                        '进入编辑状态
    Data1.Recordset("总分") = Data1.Recordset("数学") + Data1.Recordset("英
语") + Data1.Recordset("计算机")
    Data1.Recordset.Update                      '将缓冲区中的数据写入数据库
    Data1.Recordset.Edit
    Data1.Recordset("平均分") = Format(Data1.Recordset("总分") / 3, "0.0")
    Data1.Recordset.Update
    Data1.Recordset.MoveNext
    Loop
End Sub
```

刷新文本框中显示信息的定义过程为：

```
Sub xianshi()
    Text1 = Data1.Recordset("数学")
    Text2 = Data1.Recordset("英语")
    Text3 = Data1.Recordset("计算机")
    Text4 = Data1.Recordset("总分")
    Text5 = Format(Data1.Recordset("平均分"), "0.0")
    Label8.Caption = "记录号:" & Data1.Recordset.AbsolutePosition+1 & "/" &
reccount
End Sub
```

"删除"按钮 Command3 的 Click 事件代码为:

```
Private Sub Command3_Click()
    a=MsgBox("当前记录将被删除,确定吗?",4+48,"警告")
    If a=vbNo Then Exit Sub
    Data1. Recordset. Delete
    Data1. Refrcsh
    Combo1.Clear
    Combo2.Clear
    Call chushihua
End Sub
```

"更新"按钮 Command4 的 Click 事件代码为:

```
Private Sub Command4_Click()
    a=MsgBox("当前记录将被修改，确定吗?",4+48,"警告")
    If a=vbNo Then Exit Sub
     Data1. Recordset.Edit
 With Data1
 . Recordset("学号")=Combo1.Text
 . Recordset("姓名")=Combo2.Text
 . Recordset("数学")=Textl
 . Recordset("英语")=Text2
 . Recordset("计算机")=Text3
 . Rectxdset("总分")=Val(Text1)+Val(Text2)+Val(Text3)
 . Recordset("平均分")=Format(. Recordset("总分") / 3,"0.0")
 End With
    Combo1.Clear
    Combo2.Clear
    Data1.Refresh
    Call chushihua
    Call xianshi
End Sub
```

"退出"按钮 Command5 的 Click 事件代码为:

```
Private sub Command5_Click()
    If Command1.ViSible=False Then
       Command1.visible=True
       Command2.Visible=True
       Command3.Visible=False
       Command4.Visible=False
    Else
    Unload Me
    End If
```

```
End Sub
```

窗体初始化时执行的代码为：

```
Private Sub Form_Initialize()
    Data1. Refresh
    Call gengxin
    Call chushihua
End Sub
```

数据初始化自定义过程为：

```
Sub chushihua()
Data1. Recordset. MoveFirst
Do while Data1.Recordset. EOF=False
Combo1.AddItem Data1.Recordset("学号")       '将学号字段的内容添加至组合框列表
Combo2.AddItem Data1.Recordset("姓名")       '将姓名字段的内容添加至组合框列表
Data1.Recordset.MoveNext
Loop
    reccount=Data1. Recordset. RecordCount
    Data1.Recordset. MoveFirst
    Combo1.Text=Data1.Recordset("学号")
    Comb02.Text=Data1.Recordset("姓名")
    Call xianshi
End Sub
```

"输入口令"窗体模块的代码：

```
Dim cishu As Integer                          '用来存放输入口令的次数
```

"确定"按钮 Commandl 的 Click 事件代码为：

```
Private Sub Command1_Click()
If Text1="" Then                              '指定密码为一个空字符串
Unload Me
If Form1. panduan=1 Then                      '单击主窗体上的【添加】按钮
Unload Form1
Form3. Show 1
Else
    Form1.Text1.Locked=False
    Form1.Text2.Locked=False
    Form1.Text3.Locked=False
    Form1.Command1.visible=False
    Form1.Command2.Visible=False
    Form1.Command3.visible=True
    Form1.Command4.visible=True
    End If
    Else
     If cishu < 2 Then                '3次密码输入错误退出本模块
MsgBox"无效口令，请重新输入!",48,"错误"
Text1=""
Text1. SetFocus
cishu=cishu+1
Else
MsgBox"你无权使用本功能!",48,"警告"
Unload Me
End If
```

```
        End If
End Sub
```

"取消"按钮 Command2 的 Click 事件代码为：

```
    Private Sub command2_Click()
    Unload Me
    End Sub
```

"添加记录"窗体模块的代码与"更新"按钮 Command1 的 Click 事件代码为：

```
Private Sub Command1_Click()
    If Text1="" Or Text2=""or Text3=""Or Text4=""Or Text5=""Then
    MsgBox"请输入完整的数据!",48     '若有空白项则显示提示信息，退出过程
    Text1. SetFocus
    Exit Sub
    End if
  With Data1
  . Recordset. AddNew
  . Recordset("学号")=Text1
  . Recordset("姓名")=Text2
  . Recordset("班级")=Text3
  . Recordset("数学")=Text4
  . Recordset("英语")=Text5
  . Recordset("计算机")=Text6
  . Recordset("总分")=Val(Text4) + Val(Text5) + Val(Text6)
  . Recordset("平均分")=Format(. Recordset("总分") / 3,"0. 0")
  . Recordset. Update
    End With
    Text1="":Text2="":Text3="":Text4=""
    Text5="":Text6="":Text1.SetFocus
End Sub
```

"取消"按钮 Command2 的 Click 事件代码为：

```
Private Sub Command2_Click()
    Unload Me
    Form1. Show
    Call Form1. chushihua
End Sub
```

10.4　使用 ADO 控件

ADO（ActiveX Data Obiect）数据访问接口，是美国微软公司提出的长期数据访问策略。用户可以使用 ADO 快速建立数据库连接，并通过它方便地操作数据库。

10.4.1　ADO 数据控件的属性和方法

ADO 数据控件与 VB 内部的 Data 控件很相似，用户可以利用其属性、方法和事件快速地创建与数据库的连接。

1. ADO 数据控件与数据库相关的常用属性

① ConnectionString 属性：该属性是一个字符串，可以包含一个连接所需的所有设置值，在该字符串中所传递的参数是与驱动程序相关的。例如，ODBC 驱动程序允许该字符串包含驱动程序、提供者、默认的数据库、服务器、用户名称以及密码等。该属性的参数如表 10-2 所示。

表 10-2 ConnectionString 属性的参数

参　数	说　明
Provider	指定用于连接的数据源名称
FileName	指定基于数据源的文件名（如一个永久性数据源对象）
RemoteProvider	指定在打开一个客户端连接时使用的数据源名称
RemoteServer	指定打开客户端连接时使用的服务器的路径与名称

② UserName 属性：当数据库受密码保护时，需要指定该属性。与 Provider 属性类似，该属性可以在 ConnectionString 中指定。如果同时提供了一个 ConnectionString 属性以及一个 UserName 属性，则 ConnectionString 中的值将覆盖该属性的值。

③ Password 属性：在访问一个受保护的数据库时是必须的。与 Provider 属性和 UserName 属性类似，如果在 ConnectionString 属性中指定了密码，则将覆盖在该属性中指定的值。

④ RecordSource 属性：该属性通常包含一个数据库表名、一个查询或一个存储过程调用，用于决定从数据库中检索什么信息。

⑤ CommandType 属性：该属性用于指定 RecordSource 属性的取值类型是一个表的名称、一个查询、一个存储过程还是一个未知的类型，如表 10-3 所示。

表 10-3 CommandType 属性的取值

值	常　数	说　明
1	adCmdText	为一条 SQL 语句
2	adCmdTable	为一个数据库表名
4	adCmdStoredProc	为一个存储过程
8	adCmdUnknown	默认值，表示 RecordSource 中的命令类型未知

ADO 控件的属性一般可以通过控件的属性页进行设置。

【例 10.3】使用 ADO 控件设计一个简单的数据库浏览程序。窗体界面如图 10-17 所示，用户可以通过单击窗体下方 ADO 控件的移动箭头改变文本框中显示的记录信息。

（1）设计程序界面

在窗体中添加 4 个标签、4 个文本框和 1 个 ADO 控件。ADO 是 1 个 ActiveX 控件，需要通过"部件"对话框，选择"Microsoft ADO Data Control 6.0"将其加入窗体。

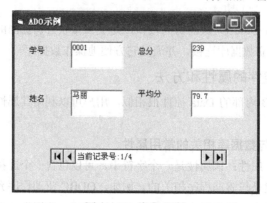

图 10-17 窗体界面

（2）设计对象属性

设置对象属性的具体步骤为：

① 将 4 个标签的 Caption 属性分别设为"学号""姓名""总分"和"平均分"，4 个文本框的 Text 属性设为空。

② 鼠标指向窗体中的 ADO 控件，右击并在弹出的快捷菜单中选择"ADODC 属性"，将打开如图 10-18 所示的 ADO "属性页"对话框。

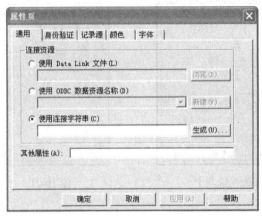

图 10-18　ADO "属性页"对话框

③ 在"通用"选项卡中，选择"使用连接字符串"后单击"生成"按钮，打开"数据链接属性"对话框，在其中可以设置 ADO 控件的 ConnectionString 属性。

④ 在"数据链接属性"对话框的"提供者"选项卡中，选择适当的 OLE DB 的提供者(本例选择了 Microsoft Jet 4.0 OLE DB Provider)。

⑤ 单击"下一步"按钮，进入"数据链接属性"对话框并在其中选择需要使用的数据库文件(本例选择了前面建立的"student.mdb")，然后单击"测试连接"按钮，验证连接的正确性。

⑥ 在"高级"选项卡中，可以设置访问权限。在"所有"选项卡中可以查看、编辑生成的连接字符串的所有内容，如图 10-19 所示。单击"确定"按钮完成 ConnectionString 属性的设置。

图 10-19　数据链接属性的"所有"选项卡

⑦ 在"属性页"对话框的"记录源"选项卡中，设置 CommandType 为 2（表类型），设置控件的 RecordSource 属性为"成绩"表，如图 10-20 所示。在"身份验证"选项卡中可以设置控件的 UserName 属性和 Password 属性，如图 10-21 所示。

⑧ 在 ADO 控件的属性设置完毕后，设置 4 个文本框的 DataSource 属性为 ADO 控件(Adodc1)，DataField 属性分别为"学号""姓名""总分"和"平均分"(分别绑定到相应的字段)。

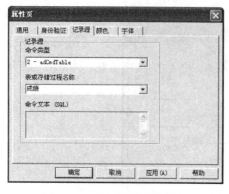
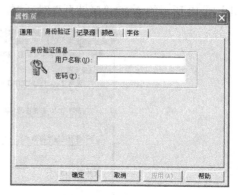

图 10-20 "记录源"选项卡　　　　　　　图 10-21 "身份验证"选项卡

（3）编写程序代码

```
Private Sub Text1_Change()
  a=Adodc1. Recordset. AbsolutePosition        '当前记录号
  b=Adodc1. Recordset. RecordCount            '数据源中记录的总数
  Adodc1.Caption = "当前记录号:" & a & "/" & b
End Sub
```

2．ADO Recordset 对象的方法

除了与 Data 数据控件相似的 UpdateControls 方法、UpdateRecord 方法、AddNew 方法、Delete 方法和 Move 方法外，ADO 常用的方法还有 CancelUpdate 和 UpdateBatch 方法。

① CancelUpdate 方法。取消添加、修改记录的操作，恢复到更改以前的状态。

② UpdateBatch 方法。保存添加的记录或修改以后的内容。

10.4.2　使用数据窗体向导

VB 提供的数据窗体向导可以帮助用户快速建立一般化的数据库应用程序，它可以根据用户的选择自动设置前面介绍过的 ADO 控件和数据绑定控件。

数据窗体向导是作为外接程序存在的，因此当一个新工程启动时，它并没有出现在系统菜单中。在使用之前应选择"外接程序"→"外接程序管理器"命令，在弹出的对话框中选择"数据窗体向导"并选择加载方式后单击"确定"按钮，将其加入到系统菜单中。

如果数据窗体仅是程序的一部分，也可以通过选择"工程"→"添加窗体"命令，在打开的对话框中选择"VB 窗体向导"来启动该向导。

使用数据窗体向导的步骤如下：

① 从"外接程序"菜单或"添加窗体"对话框中启动"数据窗体向导"，若以前使用过该向导，并保存了配置文件，在图 10-22 所示的"数据窗体向导-介绍"对话框中可以装载原来的设置，并单击"下一步"按钮。

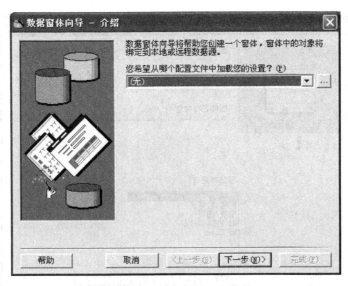

图 10-22 数据窗体向导-介绍

② 在打开的"数据窗体向导-数据库"对话框中，选择本地数据库 Access 或远程数据库 Remote(ODBC)的数据库类型，选择完毕后单击"下一步"按钮。

③ 根据上面用户的选择，将打开不同的对话框。图 10-23 所示为 Access 的"数据窗体向导-数据库"对话框，单击"下一步"按钮。

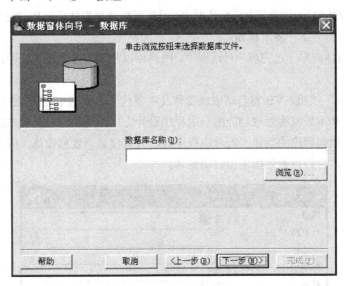

图 10-23 数据窗体向导-数据库

④ 在"数据窗体向导-From"中，用户可以指定窗体名称、窗体布局样式和绑定类型。在该对话框中为用户提供了 5 种窗体布局方式，当选择了某种样式后，在预览区可以看到大体的外观，如图 10-24 所示。本例选择了单个记录、ADO 数据控件，窗体名为 frmChengji（代码中用），单击"下一步"按钮。

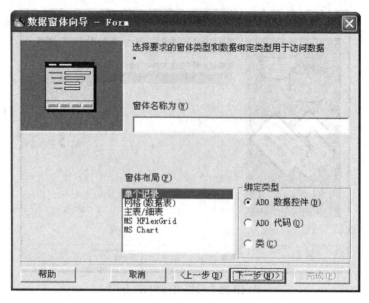

图 10-24　数据窗体向导-设置窗体参数

⑤ 在"数据窗体向导-数据源"对话框中，指定某一表为数据源，并从可用字段中选择需要显示在窗体中的字段，调整显示字段的排列顺序，设置排序依据，设置完毕后单击"下一步"按钮。

⑥ 在"数据窗体向导-控件选择"对话框中，用户可以选择窗体中出现的可选按钮控件(删除、添加、刷新等)。单击"下一步"按钮。

⑦ 在"数据窗体向导—已完成"对话框中，用户可以将以上各项设置保存成配置文件以备今后继续使用。

⑧ 单击"完成"按钮，VB 将自动生成窗体及主要代码，如图 10-25、图 10-26 所示。

至此一个具有基本数据库管理功能的应用程序设计完毕，用户可以在此基础上对代码或窗体控件进行修改，以增强程序的功能。若希望程序启动时直接显示数据窗体，应在"工程"菜单中设置"工程属性"，将数据窗体指定为启动窗体。

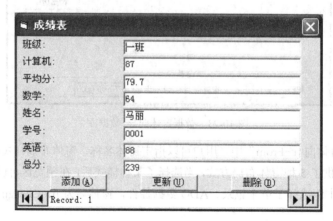

图 10-25　自动生成的程序界面

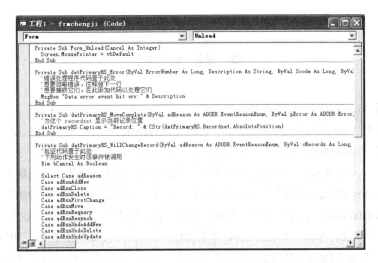

图 10-26　自动生成的程序代码

习　题　10

1. 简述数据库、数据库管理系统、数据库应用程序和数据库系统的概念。

2. 关系型数据库有哪些特点？

3. 记录、字段、表与数据库之间的关系是什么？

4. 使用 Data 数据控件，结合 Access 数据库设计一个"通讯录"程序。

参 考 文 献

[1] 刘瑞新. Visual Basic 程序设计[M]. 北京：机械工业出版社，2011.

[2] 丛书编委. Visual Basic 程序设计项目化训练教程[M]. 北京：电子工业出版社，2011.

[3] 乔平安. Visual Basic 6.0 程序设计[M]. 北京：人民邮电出版社，2013.

[4] 龚沛曾. Visual Basic 程序设计实验指导与测试[M]. 北京：高等教育出版社，2013.

[5] 罗朝盛. Visual Basic 6.0 程序设计教程[M]. 北京：人民邮电出版社，2013.

[6] 汤琛. Visual Basic 程序设计教程[M]. 北京：北京邮电大学出版社，2009.

[7] 周黎. 程序设计基础：Visual Basic 教程[M]. 北京：人民邮电出版社，2011.

[8] 刘炳文. Visual Basic 程序设计简明教程[M]. 北京：清华大学出版社，2006.

[9] 宁爱军. Visual Basic 程序设计教程[M]. 北京：人民邮电出版社，2010.

[10] 陈庆章. Visual Basic 程序设计基础[M]. 杭州：浙江科学技术出版社，2007.

[11] 王萍. Visual Basic 6.0 程序设计[M]. 北京：电子工业出版社，2012.